绿色果品高效生产关键技术丛书

核桃绿色高效生产关键技术

张美勇 主编

山东科学技术出版社

主　　编　张美勇

副 主 编　徐　颖　陶吉寒　王新亮

编写人员　张美勇　徐　颖　陶吉寒

　　　　　相　昆　王新亮　石立岗

目 录

Contents

绿色果品高效生产关键技术丛书

一、概　述 …………………………………………… 1
　（一）核桃安全生产标准 …………………………… 1
　（二）核桃园生产环境及治理途径 ………………… 7

二、优良品种的选择 …………………………………… 15

三、核桃的主要产区及栽培区划 …………………… 34
　（一）世界核桃分布范围 …………………………… 34
　（二）中国核桃分布 ………………………………… 35

四、核桃形态特征、生物学特性及对环境的要求 …… 43
　（一）核桃属植物的形态特征 ……………………… 43
　（二）生物学特性 …………………………………… 49
　（三）核桃对环境条件的要求 ……………………… 58

五、苗木培育 …………………………………………… 62
　（一）砧木的选择 …………………………………… 62
　（二）良种苗的培育 ………………………………… 67

六、合理规划建园 …………………………………… 83
　（一）园地选择 ……………………………………… 83
　（二）核桃园规划 …………………………………… 84

（三）不同栽培方式建园的设计内容 …………… 86

（四）园地标准化整地 ………………………… 91

（五）苗木定植 ………………………………… 92

（六）定植后管理 ……………………………… 93

七、土肥水管理 ………………………………… 96

（一）土壤管理 ………………………………… 96

（二）施肥 …………………………………… 106

（三）浇灌 …………………………………… 115

八、整形修剪 ………………………………… 123

（一）整形修剪的意义、依据和原则 ………… 123

（二）适宜丰产树形 ………………………… 130

（三）不同年龄时期树的修剪 ……………… 131

（四）夏剪 …………………………………… 137

九、花果管理 ………………………………… 138

（一）提高坐果率的措施 …………………… 138

（二）疏花疏果和合理负载 ………………… 139

（三）果实管理 ……………………………… 141

十、采收与包装 ……………………………… 142

（一）采收时期 ……………………………… 142

（二）采收方法 ……………………………… 143

（三）果实采后处理（脱青果皮及干燥）…… 144

（四）分级与包装 …………………………… 146

（五）贮藏 …………………………………… 149

十一、核桃病虫害防治 ……………………… 152

（一）农业综合防治 ………………………… 152

（二）核桃主要病害及防治 ………………… 157

（三）核桃主要害虫及防治 ………………… 166

一、概　述

（一）核桃安全生产标准

1. 核桃安全生产环境质量标准

安全无公害果品产地应选择在生态环境良好，或不受污染源影响或污染物限量控制在允许范围内，生态良好的农业生产区域。

（1）灌水质量：灌水质量指标应符合表 1 的要求。绿色果品生产的灌溉水要符合表 2 的要求。

表 1　　　　　农田灌溉水质量指标

项　　目	指　标（毫克/升）
氯化物	≤250
氰化物	≤0.5
氟化物	≤3.0
总汞	≤0.001
总砷	≤0.05
总铅	≤0.1

（续表）

项　目	指　标（毫克/升）
总镉	≤0.005
铬（六价）	≤0.1
石油类	≤1.0
pH	5.5～8.5

表 2　　　　　　绿色果品对灌溉水的要求

项目	指标（毫克/升）
总汞	≤0.001
总镉	≤0.005
总砷	≤0.05
总铅	≤0.1
六价铬	≤0.1
氟化物	≤2.0

注:水 pH 为 5.8～8.5

（2）土壤质量：土壤质量指标应符合表 3 的要求,生产绿色果品要符合表 4 的要求。

表 3　　　　　　　　土壤质量指标

项　目	指　标（毫克/升）		
	pH<6.5	pH 6.5～7.5	pH>7.5
总汞	≤0.3	≤0.5	≤1.0
总砷	≤40	≤30	≤25
总铅	≤250	≤300	≤350
锌	≤200	≤250	≤300
镍	≤40	≤50	≤60
总镉	≤0.30	≤0.30	≤0.60
铬（六价）	≤150	≤200	≤250
六六六	≤0.50	≤0.50	≤0.50
滴滴涕	≤0.50	≤0.50	≤0.50

表 4　　　　生产绿色果品对土壤污染物的限量要求

项　目	限量指标(毫克/升)		
	pH<6.5	pH6.5~7.5	pH>7.5
镉	≤0.30	≤0.30	≤0.40
汞	≤0.25	≤0.30	≤0.35
砷	≤25	≤20	≤20
铅	≤50	≤50	≤50
铬	≤120	≤120	≤120
铜	≤100	≤120	≤120

（3）空气质量：无公害果品生产要求果实不受有害空气、灰尘等的影响，以保持果面清洁。要求果园周围没有排放有毒、有害气体的工业企业。果园的空气质量要符合国家规定的标准（表 5），生产绿色果品要符合表 6 的要求。

表 5　　　　　　　空气质量指标

项　目	指标	
	日平均	1 小时
平均总悬浮颗粒物(TSP)(标准状态)(毫克/米³)	≤0.30	
二氧化硫(SO₂)(标准状态)(毫克/米³)	≤0.15	≤0.50
氮氧化物(NOₓ)(标准状态)(毫克/米³)	≤0.12	≤0.24
氟化物(F)[微克/(分米²·天)]	≤7.0	≤20
铅(标准状态)(微克/米³)	≤1.5	

表6　　　　生产绿色果品对空气环境的要求

项　目	日平均	任何一小时平均
总悬浮颗粒物(毫克/米³)	≤0.30	—
二氧化硫(毫克/米³)	≤0.15	≤0.50
氮氧化物(毫克/米³)	≤0.10	≤0.15
氟化物(微克/米³)	≤7	≤20

2.核桃安全生产技术标准

核桃安全生产的重要指标就是坚果中有毒、有害物质的残留不超过规定标准。核桃生产中,除了土壤环境、灌溉水质量和空气质量对坚果内在品质的影响外,造成核仁中有毒、有害物质超标的主要因素是施肥和农药。因此,合理施肥和科学使用农药是生产无公害核桃的关键技术,生产AA级绿色果品对土壤肥力也有一定要求(表7)。

表7　　生产AA级绿色果品对土壤肥力的要求

项　目	不同土壤肥力		
	Ⅰ级	Ⅱ级	Ⅲ级
质　地	轻壤	沙壤、中壤	沙土、黏土
有机质(克/千克)	>20	15~20	<15
全　氮(克/千克)	>1.0	0.8~1.0	<0.8
有效磷(毫克/千克)	>10	5~10	<5
有效钾(毫克/千克)	>100	50~100	<50
阳离子交换量	>15	15~20	<15

（1）施肥：

①施肥原则：无公害核桃的施肥原则要以农家肥为主，化肥为辅。施入的肥料能保持和增加土壤肥力，不破坏土壤结构，有利于提高土壤微生物活性，对果园环境和果品质量无不良影响。

②施肥要求：在无公害果品生产中，要求尽量使用有机肥。常用的有机肥包括以下种类：

堆肥：以多种秸秆、落叶、杂草等为主要原料，并以人、畜粪便和适量土混合堆制，经过好气性微生物分解发酵而成。

沤肥：所用物料与堆肥相同，但需要在水淹条件下经过微生物嫌气发酵而成。

人粪尿：必须是经过腐熟的人粪便和尿液。

厩肥：以马、牛、羊、猪等家畜和鸡、鸭、鹅等家禽的粪便为主，加上粉碎的秸秆和泥土等混合堆积，经微生物分解发酵而成。

沼气肥：有机物料在沼气池密闭的环境下，经嫌气发酵和微生物分解，制取沼气后的副产品。

绿肥：以新鲜植物体就地翻压或异地翻压，或经过堆沤而成的肥料。这类植物有豆科植物和非豆科植物，在果园利用的以豆科植物为多。

秸秆肥：以麦秸、稻草、玉米秸、油菜秸等直接或经过粉碎后铺在果园，待在田间自然沤烂后翻于土中。

饼肥：由油料作物的子实榨油后剩下的残渣制成的

肥料,如菜子饼、棉子饼、豆饼、花生饼、芝麻饼、蓖麻饼等。这些肥料可直接施入,也可经发酵后施入。

腐殖酸肥:以含有腐殖酸类物质的泥炭、褐煤、风化煤等加工制成的含有植物所需营养成分的肥料。

在无公害核桃生产中,允许有限度地使用部分化肥,但必须与有机肥配合施用。在所施氮肥中,有机氮与无机氮的比例以 1∶1 为宜,用化肥作追肥应在采果前 30 天停用。允许使用的化肥包括以下种类:

一是氮肥类:碳酸氢铵、尿素、硫酸铵等。

二是磷肥类:过磷酸钙、磷矿粉、钙镁磷肥等。

三是钾肥类:硫酸钾、氯化钾等。

四是复合肥:磷酸一铵、磷酸二铵、磷酸二氢钾、氮磷钾复合肥、配方肥类。

五是微肥类:硫酸锌、硫酸锰、硫酸铜、硫酸亚铁、硼砂、硼酸、钼酸铵等。

此外,还可施用微生物肥料,这类肥料是以特定的微生物菌种培育生产的、含有活的有益微生物制剂,包括根瘤菌肥料、固氮菌肥料、磷细菌肥料、硅酸盐细菌肥料、复合微生物肥料等。

如果需要叶面喷肥,要使用国家正式登记的产品。

无公害核桃生产禁止使用未经处理的城市垃圾、硝态氮化肥和未腐熟的人粪尿等。

(2)病虫害防治:核桃安全生产的病虫害防治原则是,以农业防治和人工防治为基础,大力推广生物防治技术,根据病虫害的发生规律和经济阈值,适当采用化学防治,将病虫害控制在不造成经济损失的水平。

(二)核桃园生产环境及治理途径

1. 主要污染物质及其危害性

随着现代工业、现代农业的发展,人类活动对环境污染日趋加重,一些有害物质通过各种途径进入果园,对果园大气、土壤、灌溉水及果品造成了不同程度的污染。

(1)有害气体的污染:大气污染物的来源包括工业污染、交通污染、农业生产活动污染和生活污染等,其中对人类及植物产生危害的污染物不下 100 余种,主要包括二氧化硫、氟化物、氮氧化物、氯气以及粉尘、烟尘等。这些污染物有时能直接伤害果树,表现为急性危害,致使花、叶片和果实褐变和脱落,造成严重减产;有时,伤害是隐性的,从果树的外部和生长发育上看不出危害症状,但果树生理代谢受到影响;同时,这些物质又会在植物体内外进行积累,引起人们急、慢性中毒。

①二氧化硫:是对农业危害最广泛的大气污染物,它是由燃烧含硫的煤、石油和焦油产生的。在人为排放的二氧化硫中,有 2/3 来自煤的燃烧,约有 1/5 来自石油的燃烧,其余来自各种工业生产过程。在正常情况下,空气中二氧化硫的含量约为 3.5×10^{-5} 毫升/升,当浓度达 $0.5 \times 10^{-3} \sim 1.0 \times 10^{-3}$ 毫升/升时会对植物产生危害。

二氧化硫由核桃叶片上的气孔侵入叶片组织,当叶片吸入的二氧化硫过多时,叶绿素被破坏,组织脱水,叶片脱落,花期不整齐,坐果率低,果实龟裂。另外,二氧化硫遇水则变为亚硫酸,若核桃树体上喷波尔多液,则会将其中的铜离子游离出来,造成药害。

②氟化物:是仅次于二氧化硫的大气污染物,主要包括氟化氢、氟化硅、氟化钙等,其中氟化氢是空气污染物中对植物最有毒性的气体。氟化氢无色,具臭味,主要来自使用含氟原料的化工厂、磷肥厂等排放出的废气,当空气中含量达 $1.0×10^{-7}$ 毫升/升时,即可使敏感植物受害。氟化氢主要是通过叶片气孔进入植物体内,抑制植物体内的葡萄糖酶、磷酸果糖酶的活性,还可以导致植物钙营养失调。氟化物对核桃的影响,主要表现在破坏核桃树体的营养生长,初期危害正在生长中的幼叶,严重抑制秋梢生长,并造成早期落叶。氟化物在植物体内能与金属离子如钙、镁等结合,造成核桃的缺素症。氟化物对花粉粒发芽和花粉管的伸长有抑制作用,使花朵受精率减低,不易坐果,果实不能正常膨大等。

③氮氧化物:主要包括一氧化氮、二氧化氮、硝酸等,其中对植物毒害较大的是二氧化氮。二氧化氮是一种棕红色的有刺激性臭味的气体,主要来自汽车、锅炉等排放的气体,植物受毒害症状近似于二氧化硫。

④氯气:主要来自食盐电解工业以及生产农药、漂白粉、消毒剂、塑料等工厂排放的废气,是一种黄绿色的有

毒气体,但它的危害只限于局部地区。氯气可破坏植物细胞结构,使植株矮小;叶片褪绿,严重时焦枯;根系不发达,后脱水萎蔫而死亡。

⑤粉尘和飘尘:粉尘是空气中漂浮的固体或液体的微细颗粒,其主要成分是煤烟粉尘,工矿企业密集的烟筒是煤烟粉尘的主要来源。烟尘中的颗粒粒径大于10微米,易降落,这些烟尘降落到核桃的叶片上,影响树体正常光合、蒸腾和呼吸代谢等生理作用;花期污染,影响授粉和坐果;结果期污染,会使果实表皮粗糙木栓化。

飘尘是指大气中粒径小于10微米的颗粒物,能在空气中长期悬浮,可随气流传播飘移至远处。有的工厂向大气中排放的极细小的金属微粒,如铅、镉、汞、镍、锰等,即为飘尘。飘尘对核桃的影响主要是降低大气的透明度和透光率,影响核桃的光合作用。飘尘在空气中相互碰撞而吸附成为较大粒子,降落地面后造成对土壤、灌溉水、树体的严重污染,核桃树体被污染后不仅直接影响果品的外观,而且由于重金属被叶片吸收,危害人体健康。

⑥其他污染:氧化剂对核桃有一定的危害,主要包括臭氧、过氧乙酰硝酸酯、醛类等。臭氧多来自机动车尾气,主要伤害中龄叶,受害叶面出现密集细小斑点,有的植物上表皮呈褐、黑、红或紫色,还可发生失绿斑块和褪色现象。

化工厂、化肥厂排放出的氨气和尿素粉尘,由于含氮量过高,使果树营养元素比例失调,容易诱发生理落果。

（2）农药的污染：农药是重要的农用化学物资，在核桃病虫害防治中发挥了重要的作用。同时，由于长期以来化学农药的不合理、不科学地应用，导致环境污染加重、果品中农药残留超标，严重影响人类身体健康。农药已成为农产品污染的重要来源之一，是果品安全生产的重要制约因素。

（3）化肥的污染：随着现代工业和现代农业的发展，化肥的用量呈大幅度增长趋势。大量化肥的使用在刺激农作物产量增加的同时，也给农业生产带来严重的后果。

①氮肥的污染：果园中长期大量施用氮肥，特别是大量施用铵态氮肥，铵离子能够置换出土壤胶体上的钙离子，造成土壤颗粒分散，从而破坏土壤的团粒结构。硫酸铵、氯化铵等生理酸性肥料使用过多会导致土壤微生物的区系改变，促使土壤中病原菌数量增多。氮肥中的氨素的挥发以及硝化、反硝化过程中排出了大量的二氧化氮，对动植物会造成程度不同的伤害。氮肥的长期过量使用，可使土壤中的硝酸盐含量增加，进而导致果品中的硝酸盐含量增加，对人体健康造成危害。

当氮肥的用量超过作物需要量时，在降雨和灌溉的条件下可以通过各种渠道进入湖泊、河流，从而造成水体富营养化及地下水污染。

②磷肥的污染：磷肥中含有镉、氟、砷、稀土元素和三氯乙醛，过多施用会影响植物对锌、铁元素的吸收。同时磷肥亦是土壤中有害重金属的一个重要污染源，磷肥中

含铬量较高,过磷酸钙中含有大量的镉、砷、铅,磷矿石中还有放射性污染,如铀、镭等。

磷肥使用过量,可通过各种渠道进入湖泊、河流,从而造成水体富营养化及地下水污染。劣质磷肥中的三氯乙醛进入水体成为水合三氯乙醛可直接污染水体。

③钾肥的污染:过量使用钾肥会使土壤板结,并降低土壤pH,从而影响植物生长。氯化钾中氯离子对果实及其他农作物的产量和品质均有不良影响。

(4)重金属的污染:重金属主要指镉、砷、汞、铅、铬等,会对果园土壤、灌溉水和果品造成严重的污染。

①镉:主要来自金属矿山、金属冶炼和以镉为原料的电镀、电机、化工等工厂,是一种毒性很强的金属,可在人体内长期积累,损害人的肺、肾、神经和关节等器官。

②砷:主要来自造纸、皮革、硫酸、化肥、农药等工厂的废气和废水,以煤为能源的工业和民间燃煤亦是砷的一个重要污染途径。因为含砷物质常被用做杀虫剂、杀菌剂、除草剂的生产原料,许多果园土壤受到严重的砷污染。砷对植物的危害主要是阻碍水分和养分的吸收,无机砷影响营养生长,有机砷影响生殖生长。砷可与空气中的氧结合形成三氧化二砷,与人体内的蛋白酶结合,导致细胞死亡;砷还是肺癌、皮肤癌的致病因素之一。

③汞:主要来自矿山、汞冶炼厂、化工、印染等工厂排出的"三废"以及农业上的有机汞、无机汞农药的使用。过量的汞会使植物的叶、花、茎变为棕色或黑色。汞主要

11

侵害人的神经系统,使手足麻痹,全身瘫痪,严重时可使人痉挛死亡。

④铅:主要来自用汽油作燃料的机动车尾气,另外,有色金属冶炼、煤的燃烧,以及油漆、涂料、蓄电池的生产企业等。铅主要为植物的根部所吸收和积累,并抑制植物的光合和蒸腾作用。铅污染食物,进入人体后会引起神经系统、造血系统和血管方面的病变,另外,动脉硬化、消化道溃疡和跟底出血等也与铅污染有关。

⑤铬:过量的铬会抑制生长发育,并可与植物体内细胞原生质的蛋白质结合,使细胞死亡。铬对人体的毒害主要是刺激皮肤黏膜,引起皮炎、气管炎、鼻炎和变态反应;六价铬可以诱发肺癌和鼻咽癌。

(5)其他有害物质的污染:在绿色果品生产中,施用有机肥是提供果树营养、保持土壤肥力的主要途径。而厩肥、人粪尿等肥料中的多种有害微生物,如细菌、霉菌、寄生虫等及其产生的毒物,可造成环境污染。

随着塑料在农业上的广泛应用,一些有毒塑料成为新的污染源。土壤耕作层中的废旧塑料难消解,会严重阻碍植物根系的生长发育和土壤中水、肥的移动。塑料增塑剂中的邻苯二甲酯类能通过各种途径进入环境,会污染土壤,影响果树生长,污染食品后,对人有较强的致癌、致畸、致突变作用。

2.核桃园的污染治理途径

(1)建立核桃安全生产基地:核桃安全生产基地应选

择在无污染和生态条件良好的地区,要求土壤肥沃、旱涝保收,具有可持续的生产能力。基地应远离工矿区和公路铁路干线,周边3千米以内应无污染源(包括工矿、医院等污染源),其大气、土壤和灌溉水应当具备农业部关于无公害果品生产基地所要求的环境条件。

(2)科学合理地使用农药:在果树病虫害防治过程中,应当全面贯彻"预防为主,综合防治"的植保方针,以改善生态环境、加强栽培管理为基础,合理采用物理防治、农业防治等综合措施,保护利用害虫天敌,充分发挥天敌对病虫害的自然控制作用,将病虫害控制在经济阈值之下。在核桃安全生产过程中,使用农药防治果树病虫害是必要的,但应科学合理地选择和使用农药,最大限度地控制农药的污染和危害。

①加强对果树病虫害预测预报工作,做到对症下药,适时防治。

②合理使用无公害果品生产中允许使用的药剂。

③混合和交替地使用不同的药剂,以防止产生抗药性并保护害虫的天敌。

④严格控制药剂的使用浓度和剂量,并按农药安全间隔期进行施药。

⑤改进农药的使用性能。如在农药中加入展着剂、渗透剂、缓释剂等,既节省农药又提高药效。

⑥尽可能使用低量或超低量的喷药机械。

(3)科学合理地使用肥料:在核桃安全果品生产过程

13

中,肥料的使用是必不可少的,但无论使用何种肥料,均不能造成对环境和果品的污染,并要有足量的有机质返回到土壤中,以保证和增加土壤有机质的含量,以便生产出安全、优质、营养的无公害果品。为了确保无公害核桃的质量,应实施对生产无公害核桃的肥料进行质量管理。可根据土壤中营养元素含量情况和核桃树对营养元素需求的特点,氮、磷、钾肥按一定的比例进行施用,主要有复合肥料、复混肥料等。复合肥料是指由化学方法制成的复合肥,按其所含氮、磷、钾有效养分不同,可分为二元、三元复合肥料。

二、优良品种的选择

1. 早实核桃品种

（1）岱香：山东省果树研究所用早实核桃品种辽核1号作母本，香铃为父本人工杂交获得的短枝型核桃品种，2012年通过国家林木品种审定委员会审定。

坚果圆形，浅黄色，果基圆，果顶微尖。壳面较光滑，缝合线紧密，稍凸，不易开裂。内褶壁膜质，纵隔不发达。坚果纵径 4.0 厘米，横径 3.6 厘米，侧径 3.2 厘米，壳厚 1.0 毫米。单果重 13.0～15.6 克，出仁率 55%～60%，易取整仁。内种皮颜色浅，核仁饱满，浅黄色，香味浓，无涩味；脂肪含量 66.2%，蛋白质含量 20.7%，坚果综合品质优良。

树姿开张，树冠圆头形。树势强健，树冠密集紧凑。新梢平均长 14.7 厘米，粗 0.8 厘米。平均节间长 2.4 厘米。分枝力强，为 1：4.3。侧花芽比率 95%，多双果和三果。嫁接苗定植后，第一年开花，第二年开始结果，正常管理条件下坐果率为70％。雄先型。在泰安地区，3月下旬发芽，9月上旬果实成熟，11月上旬落叶，植株营养生长期210天左右。雌花期与辽宁5号等雌先型品种的雄花期基本一致，可互为授粉品种。

（2）岱辉：从早实核桃香铃实生后代中选出，2003年通过山东省林木良种审定委员会审定并命名。

坚果圆形，壳面光滑，缝合线紧而平；单果重11.6～14.2克，出仁率58.5％，可取整仁，壳厚0.9毫米；核仁饱满，味香不涩，脂肪含量65.3％，蛋白质含量19.8％，品质优良。

树势强健，树冠密集紧凑。枝条节间平均长为2.4厘米。分枝力强，为1∶3，坐果率为77％。侧花芽比率96.2％，多双果和三果。嫁接苗定植后，第一年开花，第二年开始结果。雄先型。在泰安地区，3月下旬发芽，9月上旬果实成熟，11月上旬落叶，植株营养生长期210天左右。可用辽宁5号等雌先型品种作为授粉品种。在土层深厚的平原地，产量高，坚果大，核仁饱满，好果率在95％以上。

（3）香铃：山东省果树研究所人工杂交育成的早实品种。坚果卵圆形，单果重13.2克。壳面光滑美观，壳厚0.9毫米左右，可取整仁，出仁率65.4％，核仁颜色浅，香而不涩，品质上等。

树势较旺，树冠半圆形，分枝力强，侧生混合芽比率85.7％，嫁接后第二年开始结果。雄先型。果实8月下旬成熟,10月下旬落叶。适应性较强,较丰产,易嫁接繁殖,坚果美观,宜带壳销售。适宜在山区、平原土层深厚的地区栽培。

(4)丰辉:山东省果树研究所人工杂交育成,早实品种。坚果长圆形,单果重 12.2 克左右。壳面刻沟较浅,较光滑,浅黄色;缝合线窄而平,结合紧密,壳厚 0.8~1.1 毫米。内褶壁退化,易取整仁。核仁充实、饱满,出仁率 66.2%,脂肪含量 61.8%,蛋白质含量 22.9%,味香而不涩,产量高。在土肥水条件不良情况下,树体容易早衰。

树势中庸,分枝力较强,侧生混合芽比率为 88.9%。嫁接后第二年结果,坐果率 70%左右。雄先型。山东泰安地区 3 月下旬发芽,雄花期在 4 月中旬,雌花期在 4 月下旬。果实 8 月下旬成熟,10月下旬落叶。适应性较强,早期产量高,果实宜带壳销售。适宜在土层深厚、有灌溉条件的地区栽植。

(5)鲁光:山东省果树研究所人工杂交育成,属早实品种。坚果近圆形,果基圆,果顶微尖。单果重 15~17 克,壳面沟浅,光滑美观;缝合线窄而平,结合较紧密,壳厚 0.8~1.0 毫米。内褶壁退化,易取整仁。核仁充实饱满,出仁率 59.1%,脂肪含量 66.4%,蛋白质含量 19.9%。产量较高,大、小年不明显。

树姿开张,树势中庸,树冠呈半圆形。分枝力较强,侧生混合芽比率 80.7%,多单果。嫁接后第二年结果,坐果率 65%左右,雄先型。山东泰安地区 3 月下旬发芽,

4月上旬雄花开放,4月中下旬雌花开放,8月下旬坚果成熟,10月下旬落叶。早期生长势强,产量中等,盛果期产量较高。果实宜带壳销售,适宜在土层深厚的山区丘陵栽培。

(6)鲁丰:山东省果树研究所人工杂交育成,早实品种。坚果近圆形,果顶稍尖,单果重10～12克。壳面多浅坑沟,不很光滑;缝合线窄,稍隆起,结合紧密,壳厚1毫米。内褶壁退化,横膈膜膜质,可取整仁。核仁充实饱满,色浅。出仁率62%,含脂肪71.2%,蛋白质16.7%。味香甜,无涩味。

树姿直立,树势中庸,树冠呈半圆形,发枝力较强,侧生混合芽比例为86%,坐果率80%。雄花量极少,雌先型。在山东泰安地区3月下旬成熟,雌花盛开期4月中旬,雄花散粉4月下旬。坚果8月下旬成熟,10月下旬落叶。丰产性强,雄花少。适宜在土层深厚的山区丘陵栽培。

(7)鲁香:山东省果树研究所人工杂交育成,早实品种。坚果倒卵圆形,单果重12克。壳面多浅沟,较光滑;缝合线窄而平,结合紧密,壳厚1.1毫米。可取整仁,出仁率66.5%,核仁色浅,有奶油香味,无涩味,品质上等。

树势中等,树冠半圆形,分枝力强,侧生花芽比率86%,雄先型。嫁接后两年开始结果,在山东泰安地区8月下旬果实成熟,10月下旬落叶。核仁质优,较丰产,嫁接成活率较高,适宜在土层深厚的地区发展。

（8）岱丰：山东省果树研究所实生选种育成，早实品种。2012年通过国家林木品种审定委员会审定。

坚果长椭圆形，平均单果重14.5克，壳面较光滑，缝合线较平，结合紧密；壳厚约1毫米，可取整仁，出仁率58.5%；核仁充实、饱满、色浅、味香无涩味；脂肪含量66.5%，蛋白质含量18.5%，坚果品质上等。

树势中庸，分枝力强，侧生花芽比率为81%，大小年不明显。雄先型。在泰安地区，3月下旬发芽，4月上旬展叶，果实8月下旬成熟，11月中旬落叶。

（9）鲁核1号：山东省果树研究所实生选种育成，早实品种，果材兼用型。2012年通过国家林木品种审定委员会审定。

坚果圆锥形，浅黄色，果顶尖，果基平圆，壳面光滑，缝合线稍凸，结合紧密，不易开裂，壳有一定的强度，耐清洗、漂白及运输。单果重13.2克；壳厚1.2毫米，可取整仁，出仁率55%，脂肪含量67.3%，蛋白质含量17.5%，内种皮浅黄色，无涩味，核仁饱满，有香味。

树姿直立，生长快，幼龄树三年生干径平均生长2.3厘米，树高年平均生长2.5米；母树新梢长23.3厘米，粗0.8厘米，胸径年生长量1.4厘米；以中长果枝结果为主，丰产潜力大，稳产性强。雄先型，8月下旬果实成熟，11月上旬落叶。

（10）鲁果2号：山东省果树研究所实生选出的早实品种，2012年通过国家林木品种审定委员会审定。

19

坚果单果重 14.5 克,柱形,顶部圆形,基部一边微隆,一边平圆;壳面较光滑,有浅纵纹,淡黄色;缝合线紧,平,壳厚 1 毫米,易取整仁,出仁率 59.6%。核仁饱满,色浅味香,蛋白质含量 22.3%,脂肪含量 71.4%,综合品质优良。

树势强,生长快,雄先型。嫁接苗定植后第二年开花,第三年结果,高接树第二年结果。母枝分枝力强,坐果率 68.7%,侧花芽比率 73.6%,多双果和三果,以中长果枝结果为主,丰产潜力大,稳产性强。但生长前期旺盛,产量较低,随树龄增大产量增高,生长减慢,丰产潜力大。高接树 6~8 年进入丰产期。

(11)鲁果 3 号:山东省果树研究所实生选出的早实品种,2007 年通过山东省林木良种审定委员会审定。

坚果单果重 12.5 克,圆形,浅黄色,果基圆,果顶平圆。壳面较光滑,缝合线边缘有麻壳;缝合线紧密,稍凸,不易开裂。内褶壁膜质,纵隔不发达。坚果纵径 3.9 厘米,横径 3.4 厘米,侧径 3.1 厘米,壳厚 1.1 毫米。内种皮浅,易取整仁,出仁率 59.4%,核仁饱满,浅黄色,香味浓,无涩味;蛋白质含量 21.4%,脂肪含量 69.8%,坚果综合品质上等。

树势较强,树冠开张。幼树期生长旺盛,新梢粗壮。髓心小,占木质部的 42%。随树龄增加,树势缓和,枝条粗壮,萌芽力、成枝力强,分枝力为 1∶3.3。

嫁接苗定植后,第一年开花,第二年开始结果,坐果率为 70％。侧花芽比率 87％，多三果和四果。雌先型。

(12)鲁果 4 号：山东省果树研究所实生选出的大果型早实核桃品种，2007 年通过山东省林木良种审定委员会审定。

平均单果重 17.5 克，最大单果重 26.2 克，卵圆形，壳面较光滑，缝合线紧，稍凸，不易开裂。壳厚 1.1 毫米，可取整仁，出仁率 55.2％。内褶壁膜质，纵隔不发达。内种皮颜色浅，核仁饱满，色浅味香，蛋白质含量 21.9％，脂肪含量 63.9％，坚果综合品质上等。

树势强健，树冠长圆头形。幼树期生长旺盛，新梢粗壮。髓心小，占木质部的 42％。随树龄增加，树势缓和，枝条粗壮，萌芽力、成枝力强，为 1：4.3。

嫁接苗定植后，第一年开花，第二年开始结果，雄先型。正常管理条件下坐果率为 70％。侧花芽比率 85％，多双果和三果。结果母枝抽生的果枝多为中长果枝，果枝率高达 81.2％。

(13)鲁果 5 号：山东省果树研究所实生选出的大果型早实核桃品种，2007 年通过山东省林木良种审定委员会审定。

平均单果重 17.2 克，最大果重 25.2 克，卵圆形，壳面较光滑，缝合线紧、平，壳厚 1 毫米，可取整仁，出仁率 55.4％。核仁饱满，色浅味香，蛋白质含量 22.8％，脂肪含量 59.7％，坚果综合品质上等。

树势强健，树冠开张。幼树期生长旺盛，新梢粗壮。

髓心小,占木质部的 43.6%。随树龄增加,树势缓和,枝条粗壮,萌芽力、成枝力强,节间平均长为 2.4 厘米。分枝力强,为 1:3,抽生强壮枝多。新梢尖削度大,为 0.52。混合芽大而多,连续结果能力强,雄花芽少,多年生枝不光秃,是该品种丰产、稳产的突出优良性状。

嫁接苗定植后,第一年开花,第二年开始结果,雄先型。坐果率为 87%。侧花芽比率 96.2%,多双果和三果。结果母枝抽生的果枝多,果枝率高达 92.3%。果实大,纵径 5.9 厘米,横径 4.3 厘米,侧径 4.4 厘米,青皮厚 0.34 厘米。

(14)鲁果 6 号:山东省果树研究所从新疆早实核桃实生后代中选出的核桃品种,2009 年通过山东省林木良种审定委员会审定。

坚果长圆形,果基尖圆,果顶圆微尖,单果重 14.4 克。壳面刻沟浅,光滑美观,浅黄色,缝合线窄而平,结合紧密。壳厚 1.2 毫米左右,内褶壁退化,横膈膜膜质,核仁充实饱满,易取整仁,出仁率 55.4%。

树势中庸,树姿较开张,树冠呈圆形,分枝力较强。嫁接后第二年形成混合花芽,坐果率 60%,多双果和三果。在山东泰安地区 3 月下旬萌发,4 月 7 日左右为雌花期,4 月 13 日左右为雄花开放,雌先型。8 月下旬坚果成熟,11 月上旬落叶。该品种适宜于土层肥沃的地区栽培,目前,在山东泰安、济南、临沂等地区有小面积栽培。

(15)鲁果 7 号:山东省果树研究所以"香玲"×华北

晚实核桃优株为亲本杂交育成的早实核桃品种,2009年通过山东省林木良种审定委员会审定。

坚果圆形,果基、果顶均圆,单果重13.2克。壳面较光滑,缝合线平,结合紧密,不易开裂。壳厚0.9～1.1毫米,内褶壁膜质,纵膈不发达,核仁饱满,易取整仁,出仁率56.9%。

树势较强,树姿较直立,树冠呈半圆形,分枝力较强。坐果率70%。在山东泰安地区3月下旬萌发,4月中旬雄花、雌花均开放,雌雄花期极为相近,但为雄先型。9月上旬坚果成熟,11月上旬落叶。该品种适宜于土层肥沃的地区栽培,目前,在我国部分核桃栽培地区有引种栽培。

(16)鲁果8号:山东省果树研究所从岱香实生后代中选出,2009年通过山东省林木良种审定委员会审定。

坚果近圆形,单果重12.6克。壳面较光滑,缝合线紧密,窄而稍凸,不易开裂。壳厚1毫米,内褶壁膜质,纵膈不发达,核仁饱满,可取整仁,出仁率55.1%。

树姿较直立,树冠长圆形。嫁接苗定植后,第一年开花,第二年开始结果,坐果率70%,多双果。在山东泰安地区3月底萌发,4月中旬雄花开放,4月下旬雌花开放,雄先型。在开花结果期间,由于其发育期相对较晚,较少遭遇晚霜危害。9月上旬坚果成熟,11月上旬落叶。目前,在山东及附近地区核桃栽培区有引种栽培。

(17)鲁果9号:山东省果树研究所从早实核桃实生

后代中选出,2012 年定名。2012 年通过山东省林木品种审定委员会审定。

坚果锥形,果顶尖圆,果基圆,壳面光滑,缝合线紧、平。单果重 13 克,壳厚 1.1 毫米,易取整仁。核仁饱满,浅黄色,味香,出仁率 55.5%,脂肪含量 65.8%,蛋白质含量 22.7%,综合品质优良。

树势中庸,树姿开张。分枝力强,坐果率 70%左右,侧花芽率 85.2%,多双果和三果,以中短果枝结果为主。在山东泰安,3 月下旬发芽,4 月初展叶,4 月中上旬雄花开放,中下旬雌花开放,雄先型。8 月下旬果实成熟,11 月上旬落叶。

(18)鲁果 10 号:山东省果树研究所从早实核桃实生后代中选出,2012 年定名。2012 年通过山东省林木品种审定委员会审定。

坚果圆形,单果重 11 克,壳面光滑,缝合线紧、平。壳厚 0.8 毫米,易取整仁。核仁饱满,浅黄色,味香,出仁率 65.2%,脂肪含量 62.2%,蛋白质含量 19.2%,品质优良。

树姿开张,树势稳健。分枝力强,坐果率 70.7%,侧花芽率 79.6%,多双果和三果,以中果枝结果为主。在山东泰安,3 月下旬发芽,4 月中上旬雄花开放,中下旬雌花开放,雄先型。8 月下旬果实成熟,11 月上旬落叶。

(19)鲁果 11 号:山东省果树研究所从早实核桃实生后代中选出,2012 年定名。2012 年通过山东省林木品种审定委员会审定。

坚果长椭圆形,单果重 17.2 克,壳面光滑,缝合线紧、平。壳厚 1.3 毫米,易取整仁。核仁饱满,浅黄色,味香,出仁率 52.9%,脂肪含量 67.4%,蛋白质含量 18.1%,品质优良。

树势强健,树姿直立。枝条粗壮,分枝力强,坐果率 72.7%,侧花芽率 81.6%,多双果和三果,以中短果枝结果为主。在山东泰安,3 月下旬发芽,4 月中上旬雄花开放,中下旬雌花开放,雄先型。8 月下旬果实成熟,11 月上旬落叶。

(20)鲁果 12 号:山东省果树研究所从早实核桃实生后代中选出,2012 年定名。2012 年通过山东省林木品种审定委员会审定。

坚果圆形,单果重 12.0 克,壳面较光滑,缝合线紧、平。壳厚 0.8 毫米,易取整仁。核仁饱满,浅黄色,味香,出仁率 69.0%,脂肪含量 61.7%,蛋白质含量 21.6%,品质优良。

树姿开张,树势健壮。分枝力强,坐果率 66.7%,侧花芽率 71.6%,多双果。在山东泰安,3 月下旬发芽,4 月中上旬雌花开放,中下旬雄花开放,雌先型。8 月底果实成熟,11 月上旬落叶。早实、丰产、稳产、抗寒性强。

(21)辽核 1 号:由辽宁省经济林研究所人工杂交育成,早实品种。

坚果圆形,果基平或圆,单果重 9.4 克,壳面较光滑,缝合线微隆起,结合紧密,壳厚 0.9 毫米。可取整仁,出仁率 59.6%,核仁黄白色,味香,充实饱满。

分枝力强,侧生混合芽比率 90% 以上。雄先型。嫁接后第二年结果,在山东泰安地区 8 月下旬果实成熟,11 月上旬落叶。

(22)辽核 6 号:由辽宁省经济林研究所人工杂交育成,早实品种。

坚果椭圆形,果基圆形,顶部略细、微尖,单果重 12.4 克。壳面粗糙,颜色较深,为红褐色,缝合线平或微隆起,结合紧密,壳厚 1 毫米左右。内褶壁膜质,横隔窄或退化,可取整仁。出仁率 58.9%,核仁充实饱满,黄褐色。

树势较强,树姿半开张,分枝力强。雌先型。坐果率 60% 以上,多双果,丰产性强,大小年不明显,嫁接后第二年结果。在山东泰安地区 9 月上旬成熟,11 月落叶。较抗病,耐寒。适宜在我国北方核桃栽培区种植。

(23)中林 1 号:由中国林业科学院林业研究所杂交育成,早实品种。

坚果圆形,果基圆,果面扁圆,单果重 14 克,壳面粗糙,缝合线中宽凸起,结合紧密,壳厚 1 毫米。可取整仁或 1/2 仁,出仁率 54%,核仁饱满,浅至中色,味香不涩。

树势较强,分枝力强,侧生混合芽比率 90% 以上,雌先型。嫁接后第二年结果。在泰安地区 9 月初坚果成熟,10 月下旬落叶。生长势较强,生长迅速,丰产潜力大,较易嫁接繁殖。坚果品质中等,适应能力较强。可在华北、华中及西北地区栽培。

(24)新早丰：由新疆林业研究所从新疆温宿县土木秀克乡选出，早实品种。

坚果椭圆形，果基圆，果顶渐小突尖，单果重 13 克。壳面光滑，缝合线平，结合紧密，壳厚 1.2 毫米，可取整仁，出仁率 51%，核仁色浅，味香。

树势中等，发枝力极强，侧生混合芽比率 95%以上。雄先型。嫁接苗第二年开始结果，在山东泰安地区 9 月上旬果实成熟，11 月上旬落叶。树势中庸，坚果品质优良，早期丰产性好，宜在肥水条件较好的地区栽培。

(25)中林 3 号：中国林业科学院林业研究所杂交育成，早实品种。

坚果椭圆形，单果重 11 克。壳中色，较光滑，缝合线窄而凸起，结合紧密，壳厚 1.2 毫米。可取整仁，出仁率 60%，核仁饱满，色浅。

树势较旺，分枝力较强，侧生混合芽比率 50%以上，雌先型。嫁接后第二年结果，9 月初坚果成熟，10 月下旬落叶。适应性强，耐干旱瘠薄，丰产性强，核仁品质上等，为较好的仁用品种，适宜西北、华北山地栽培，亦可作为果林兼用树种。

(26)陕核 1 号：坚果圆形。平均单果重 12 克。壳面光滑，色较浅；缝合线窄而平，结合紧密，易取整仁。核仁平均重 7.1 克，出仁率 60%。核仁充实饱满，色乳黄，风味优良。

树势较旺盛,树姿较开张,小枝粗壮节间短,侧芽形成混合花芽的比例为 70%。适宜在年平均温度 10℃ 以上,生长期 180 天以上的地区种植。发芽较早,雄先型。适应性强,早期丰产,抗病性强,适宜作仁用品种和授粉品种。

(27)西林 1 号:坚果长圆形。平均单果重 10 克,壳面光滑,有浅麻点,色较浅,缝合线窄而平,结合紧密,易取整仁。核仁重 5.6 克,出仁率 56%。核仁充实饱满,色乳黄,风味优良。

嫁接树第二年开始结果。树势旺盛,树姿开张,小枝节间中等。适宜在年平均温度 10℃ 以上,生长期 200 天以上的地区种植。发芽较早,雄先型。适应性强,抗病力强,适宜在山地栽培。

2. 晚实核桃品种

(1)晋薄 1 号:坚果长圆形,平均单果重 11 克。壳面光滑,色浅;缝合线窄而平,结合紧密,易取整仁。核仁重 6.9 克,出仁率 63%。核仁充实饱满,色乳黄,风味优良。树势旺盛。宜在年平均温度 10℃ 以上,生长期 180 天以上的黄土地区种植。

(2)晋龙 1 号:坚果圆形,平均单果重 14.8 克。壳面较光滑,有浅麻点,色浅;缝合线窄而平,结合较紧密,易取整仁。核仁平均重 9.1 克,出仁率 60%。核仁较充实,饱满,色乳黄,风味优良。

嫁接树第4～5年开始结果,10年后进入盛果期。树势中等,树姿较开张,小枝粗壮,深褐色,节间长。发芽较晚,雄先型。适应性强,抗霜冻,抗病性强,早期丰产,坚果品质优良,适宜在黄土地区栽培。

(3)晋龙2号:坚果圆形,平均单果重15.9克。壳面光滑,色浅;缝合线窄而平,结合紧密,易取整仁。核仁重9克,出仁率56%。核仁充实饱满,色乳黄,风味优良。

嫁接树第4～5年开始结果,8年后进入盛果期。树势旺盛,树姿较开张,小枝粗壮,深褐色,节间长。发芽较晚,雄先型。适应性强,抗霜冻,抗病性强,早期丰产,坚果品质优良,适宜在黄土地区栽培。

(4)西洛1号:坚果圆形,单果重13克。壳面光滑,色较深;缝合线窄而平,结合紧密,易取整仁。核仁重7.4克,出仁率57%。核仁充实饱满,色浅,风味优良。

嫁接树6～7年后进入盛果期,较丰产。树势中等,树姿较直立。雄先型。适应性强,抗霜冻,抗病性强,早期丰产,坚果品质优良,适宜在黄土地区及山地栽培。

(5)西洛2号:坚果长圆形,平均单果重13.1克。壳面较光滑,有浅麻点,色较深;缝合线窄而平,结合紧密,易取整仁。核仁重7克,出仁率54%。核仁充实饱满,色浅,风味优良。嫁接树7～8年后进入盛果期。树势中等,树姿较直立,小枝粗壮。雄先型。适应性强,抗霜冻,抗病性强,早期丰产,坚果品质优良,适宜在黄土地区及山地栽培。

（6）西洛 3 号：坚果圆形，单果重 14.1 克。壳面较光滑，有浅麻点，色较深；缝合线窄而平，结合紧密，易取整仁。核仁重 7.9 克，出仁率 56%。核仁充实饱满，色浅，风味优良。

嫁接树第 3～4 年开始结果，7 年后进入盛果期。树势旺盛，树姿较开张。发芽较早，雌先型。适应性强，早期丰产，耐干旱，抗病性强，适宜在黄土地区及山地栽培。

（7）北京 746：北京市林果研究所从当地晚实核桃实生树中选育而成。1986 年定名并推广。

坚果近圆形，"三径"平均 3.6 厘米，单果重 12 克，壳面较光滑，壳皮厚 1.1 毫米，取仁容易，出仁率 53%，核仁饱满色浅，品质上等。

树势中庸，树姿半开张，树冠紧凑。苗木嫁接后第三年结果，六年生株产 2.6 千克，每平方米树冠投影产仁 220 克。结果枝率 62%。易丰产，高接第二年成花结果。晋中地区 4 月上旬发芽，4 月下旬雄花盛期，5 月初雌花盛期，相差 1～2 天，9 月上旬成熟。适应性强，抗寒、抗病，耐旱力强，适于密植。

（8）礼品 1 号：辽宁省经济林研究所从新疆纸皮核桃中选育而成。坚果长阔圆形，"三径"平均 3.6 厘米，单果重 10 克。壳面光滑美观，壳皮厚 0.6 毫米，内褶壁和横隔退化，取仁极易，出仁率 67.3%～73.5%。

树势中庸，树姿半开张，分枝力中等，结果枝率 58.4%，长果枝结果为主，每平方米树冠投影产仁 150 克。

属雄先型,9月中旬果实成熟。抗寒、抗病,适应性较强。

(9)礼品2号:辽宁省经济林研究所从新疆纸皮核桃中选育而成。坚果长圆形,"三径"平均4厘米,单果重13.5克,壳面光滑,缝合线窄而平,结合紧密,壳皮厚0.7毫米,内褶壁和横隔退化,取仁极易,核仁饱满色浅,出仁率70%,品质上等。

树势中等,树姿半开张,分枝力较强。苗木嫁接6年成花结果,高接4年结果,坐果率70%,每平方米树冠投影产仁200克。十年生嫁接树株产5.5千克。属雌先型,9月中旬果实成熟。抗寒、抗病力强。

3.铁核桃品种

铁核桃亦称漾濞核桃,是我国西南高地(北亚热带气候区)的核桃栽培种。不抗寒,不宜在北方栽培。宜在年平均温度12℃以上,生长期200天以上的地区种植。

(1)泡核桃:坚果扁圆形,平均单果重12.5克。壳面有浅麻点,色浅;缝合线窄而凸起,结合紧密,易取整仁。核仁重7克,出仁率55%。核仁充实饱满,色乳黄,风味优良。

嫁接树第七年开始结果。树势较旺盛,树姿较开张。发芽较早,雄先型。多顶芽结果。开始结实晚,寿命长,百年大树仍结实累累,是云南的主要栽培品种。

(2)黔1号:坚果圆形,平均单果重8.4克。壳面有浅麻点,色较浅;缝合线窄而凸起,结合较紧密,易取整仁。核仁重5.1克,出仁率63%。核仁充实饱满,色浅,风味优良。

树势旺盛,树姿直立。发芽较晚,雄先型。适应性强,较丰产,坚果小而质优,适宜在西南高原黄棕壤和黄壤等地区种植。

(3)黔2号:坚果圆形,单果重13克。壳面有浅麻点,色浅;缝合线窄而平,结合紧密,易取整仁。核仁重7.7克,出仁率59%。核仁充实饱满,色浅,风味优良。

嫁接树第2~4年开始结果,8年后进入盛果期。树势旺盛,树姿直立。发芽较晚,雄先型。抗旱性强,早期丰产,抗病性强,适宜在西南高地种植。

(4)黔3号:坚果圆形,平均单果重10.3克。壳面有浅麻点,色深;缝合线窄而凸起,结合紧密,较易取整仁。核仁重6.9克,出仁率67%。核仁充实饱满,色浅,风味优良。

嫁接树第2~4年开始结果。树势中等,树姿直立。发芽较晚,雄先型。适应性强,早期丰产,抗病性强,适宜在西南高寒地区种植。

(5)黔4号:坚果圆形,单果重11.5克。壳面光滑,色深;缝合线窄而凸起,结合紧密,易取整仁。核仁重6克,出仁率52.4%。核仁充实饱满,色浅,风味优良。

嫁接树第2~3年开始结果。树势旺盛,树姿直立。适宜在年平均温度13℃以上,生长期240天以上的地区种植。发芽较早,雌先型。适应性强,早期丰产,坚果品质优良。适宜在西南地区种植。

(6)云新系列(铁核桃和核桃的杂交种):坚果长圆球形,平均单果重13克。壳面比较光滑,有浅麻点;缝合线凸起,结合紧密,较易取整仁。核仁重7克,出仁率52%。核仁充实饱满,色浅,风味优良。

嫁接树第二年开始结果,5年后进入盛果期。发芽较早,雌先型。适应性强,早期丰产,抗病性强,适宜在西南海拔1 600～2 100米处种植。

三、核桃的主要产区及栽培区划

(一)世界核桃分布范围

核桃在核桃属树种中经济价值最高,分布范围也最广。从水平分布看,世界各大洲均有自然分布或种植。

亚洲主要分布在中国、印度、阿富汗、伊朗、土耳其、朝鲜、韩国、日本、乌兹别克斯坦、吉尔吉斯斯坦及土库曼斯坦等。

欧洲从巴尔干半岛的希腊、保加利亚、捷克、斯洛伐克、匈牙利、波兰、奥地利、乌克兰,向北向西到德国、法国、意大利、瑞士、比利时及西班牙等,向东有俄罗斯、摩尔多瓦、格鲁吉亚、阿塞拜疆及亚美尼亚等国。

北美洲主要分布在美国和墨西哥,南美洲的阿根廷也较多,巴西、智利的栽培面积较小。

大洋洲的澳大利亚、新西兰均有核桃栽培,而非洲只有摩洛哥有核桃栽培。

在各国的山地栽培分布中,核桃垂直分布,中国核桃栽培最高点在西藏拉兹,高达 4 200 米,伊朗可达 1 400 米,土耳其分布上限为 2 000 米;最低点在中国的吐鲁番盆地,在海平面 30 米以下,因此,中国的核桃栽培分布高程差最悬殊。

铁核桃分布,主要在中国西南部和毗邻的越南、老挝、缅甸、印度和尼泊尔等国。垂直分布,在中国分布高度 300 米(贵州)到 3 300 米(西藏)范围。

(二)中国核桃分布

核桃遍及中国南北,而铁核桃则主要分布在西南地区的云南、贵州及四川西部、西藏南部,两个种集中了中国栽培核桃的主体,核桃是中国经济树种中分布最广泛的树种之一。中国栽培区主要为浅山丘陵区,而铁核桃主要分布在深山坡麓或沟壑部分。从分布性质看,除新疆伊犁和西藏吉隆等处有野生核桃林外,其他省区的核桃都是经过多世代种植或引种栽培的人为分布,铁核桃种群主体中的野生铁核桃和用它作砧木嫁接改造成的泡核桃都是自然分布的。

两种核桃的宏观分布状态,除辽东半岛、西藏南部及新疆南疆核桃栽培区处于相对隔绝和表现间断分布外,其他各地的核桃和铁核桃均表现为迤逦相接呈连续分布状态。

我国核桃分布的北界与年均温明显相关。以甘肃兰州为中点,东部的北界同年均温 8℃等温线很接近;西部的北界则同年均温 6℃等温线大致吻合。

根据实地考察和参阅文献资料,核桃分布区划主要依据地理—气候因素、核桃树体生物学特性和社会经济因素三个方面的条件。

1. 地理—气候因素

植物学家 Good 认为,植物分布首先受气候环境,其次受土壤因素等的制约。任何树种的分布,都同时综合地受热量状况的纬度地带性和水分状况的经度地带性的影响。通过多因素(纬度、经度、海拔、年降水量、年平均气温、极端最低气温、年日照时数及无霜期 8 个因子)的主量分析,影响最大的因素是极端低温、纬度、无霜期、海拔和经度。前三者都是反映气温地带性的因素。

2. 不同生态条件下核桃生长结实表现

不同地区核桃物候有差异,不同地区同品种产量也有差异,坚果品质也有差异。

3. 社会经济因素

中国果用型核桃一般属于人为分布的,因此,其生产必然受到经济规律的制约。在核桃栽培良种化以前,一方面结实较晚,坚果产量低;另一方面,核桃医疗保健价值高,产品销售价格稳定,管理省工,抗逆性强,耐贮藏运输。20 世纪 80 年代以后 20 年间,核桃收益相对减少,主要原因是核桃品种化程度低,核桃园管理粗放,核桃产品质量不过关,加工业落后,因而经济效益低。进入 21 世纪,随着人们生活水平的提高和对核桃营养保健价值的认识,核桃需求量逐年增加,销售价格也逐渐上升,核桃栽培的经济效益不断增加,这种核桃种植大范围的消长,必然影响到核桃分布区变化。在经济杠杆的作用下,核桃种植业从以前交通条件较差的浅山丘陵地区逐渐转向发达的山区、平原和丘陵。

根据中国核桃的分布现状,分布区划分遵循以下原则:

(1)以地理气候为主要依据,尤其在大的地貌变化(海拔大山南北麓等)影响到气候带和种群生长条件时,更应优先考虑。

(2)照顾行政区域的完整性。核桃是适应性较广的广域树种,我国目前的行政区划分并不完全按照地理气候因素,否则,就会出现分散割裂的小块区域,造成实际应用中的不方便。因而对地形、气候差异不突出的地方,用划分亚区的办法解决,以尽量照顾行政区域的完整。

(3)适当的栽培规模。分布区必须具有一定的栽培规模和株数,只有少量栽培面积和引种试种的地区不划分区。

4.核桃及铁核桃分布区及亚区

(1)东部沿海分布区:

①冀、京、辽、津亚区:包括辽东半岛及辽西,河北坝下以南全部及京、津两市。主产区有冀东产区的卢龙、抚

宁、昌黎、遵化等县；太行山东麓的涞水、易县、阜平、平山、赞皇、邢台、武安等县直到南部的涉县。

北京各区县都有核桃栽培，主要有平谷、密云、昌平产量较多，门头沟、怀柔、延庆等县次之。

天津核桃产区以蓟县较多。

该亚区垂直分布状况是从沿海各县海拔十几米到山区的1 000米左右。

②鲁、豫、皖北、苏北亚区：包括山东全境、河南豫西山区以东、安徽及江苏北部的核桃产区。

山东核桃主要分布在泰、蒙山区的历城、长清、泰安、章丘、苍山、费县、青州及临朐等县。

河南豫西山区以东的林县、登封、濮阳、辉县、柘城、罗山、商城等地栽培历史悠久。

安徽皖北地区核桃种植主要在亳州、涡阳、砀山、萧县等地。

江苏北部主要以徐州铜山、邳县及连云港的云台山一带为主要栽培区，近年核桃种植面积锐减。

③豫西亚区：包括河南的济源、新安、宜阳、汝阳、鲁山、舞阳、信阳连线以西，为河南核桃主产区。

(2)西部分布区：

①晋、陕、甘、青、宁亚区：包括山西全省、陕西秦岭以北、宁夏南部、甘肃武威以东、武都地区以北及青海东部的核桃产区。

陕西、山西为我国核桃重点产区，其株数和产量均具全国各亚区之首。山西除管涔山周围的神池、五寨、宁武和雁北的左云、平陆等县外，其余各县市都有核桃种植，主要栽培区是太行、吕梁及中条山系的浅山丘陵区。晋中地区的左权、昔阳县，临汾地区的古县、安泽县，晋东南的黎城、平顺，阳泉市的盂县和平定等县，坚果产量每年都较高。

陕西北部，除神木、横山、定边等几个县外，其余各县均有核桃种植。秦岭北麓的长安、户县、眉县及宝鸡市的沿山部分栽培较多，渭北的黄龙、陇县、宜君、宜川、千阳等老产区是陕西秦岭以北的主产区。

甘肃的核桃栽培以陇南产区和天水地区较多，近年仍有发展。陇东产区以宁县、镇原、华亭、灵台及崇信栽培较为集中。河西走廊的武威地区核桃较多，张掖和酒泉也有少量栽培。

青海省的核桃主要分布在黄河和湟水河谷及其支流的黄土丘陵沟壑区，以民和、循化两县较多。

宁夏回族自治区的核桃栽培数量较少。

②陕南、甘南亚区：包括甘肃省南部的武都地区和秦岭以南的汉中、安康及商洛地区。秦巴山区是陕西省和全国著名的核桃重点产区，分布广，产量高，种质资源丰富。陕西核桃主产县洛南、山阳、镇安、丹凤、宁强、商州、勉县等。秦巴山区的核桃多种植在半高山或浅山丘陵的坡麓耕地边埂或"四旁"，垂直分布在600～2 200米范围。

（3）新疆分布区：新疆的核桃虽然栽培数量较少，但其分布却较有特色。如中国最西分布县（东经 75°的塔什库尔干），最北分布县（北纬 45°的博乐），垂直分布最低点（吐鲁番盆地的布拉克村）以及全国少有的野生核桃林，均在新疆境内，本区分为两个亚区。

①南疆亚区：南疆核桃占自治区的绝大多数，基本上种植在塔里木盆地周围的绿洲区。主要产区有和田、叶城、库车、阿克苏、乌什及莎车等县。

本亚区核桃主要分布在可灌溉的农耕地上，并同作物间作。

②北疆亚区：包括天山北麓、准葛尔盆地西南及天山东端的吐鲁番等几个核桃产区。

北疆亚区的核桃只占全疆的 3% 左右，以伊宁、霍城、新源三县数量最多。人工栽培的多在垂直分布海拔 600～1 200 米，唯吐鲁番盆地在海拔 30 米以下的布拉克村有核桃种植，是本亚区的一大特点。另一重要特点是保存着国内罕见的野生核桃林。霍城的大西沟、小西沟半阴坡上仍有野生核桃树，其分布高度为海拔 1 550～1 590米。巩留县的野生核桃林集中分布在海拔 1 300～1 500米之间。

（4）华中、华南分布区：

①鄂、湘亚区：包括湖北全省、湖南北部及西部。

②桂中、桂西亚区：包括广西壮族自治区的忻城、都安、河池等桂中部分，以及靖西、那坡、田林、隆林等桂西核桃产区。

(5)西南分布区：

①滇、黔、川西亚区：包括云南、贵州两省及四川西部核桃产区。

云南核桃分布极其广泛，全省各县均有核桃栽培和分布。主产区为大理的漾濞、永平、云龙，楚雄的大姚、南华和楚雄市，保山地区的昌宁、保山、施甸及昭通地区的昭通、永善、鲁甸等县。此外，还有维西、临沧、凤庆、曲靖、会泽及丽江等县产量也较多。

贵州虽引种过核桃，但栽培的绝大多数是铁核桃。全省90%的地区有核桃栽培或分布。毕节、大方、威宁、赫章、织金、六盘水、安顺、息烽、遵义、桐梓、兴义、普安等县都是核桃主产区，垂直分布在海拔400～2700米范围，但以1000～1500米的山区、丘陵分布最多。

四川西部以铁核桃为主。核桃同铁核桃在川西的分界线，北部以岷江为界，中部是大小相岭及横亘的峨眉山为界，南部以雅砻江中下游为界。界线以西、以北为铁核桃（仅有少量核桃）。巴塘、西昌、九龙、盐源、德昌、会理、米易、盐边、高县、筠连、叙永、古蔺等地为铁核桃分布区。

②川东亚区：包括四川的南坪、茂县、理县、马尔康、金川、丹巴、康定、泸定、峨边、马边、雷波连线以东广大核桃产区。

本亚区气候适宜，海拔2800米以下的山区均有核桃种植。主要栽培区在米仓山、大巴山南麓的平武、安县、江油、青川及剑阁等地。大渡河上中游河谷深峡的丹巴、

41

泸定、康定和中下游浅山区的汉源、峨边、马边等县以及万县地区的城口、巫溪、奉节等县的核桃,多种植在海拔1 000～2 500米范围的黄壤坡麓上。四川盆地和盆中丘陵区则多在庭院或"四旁"零星种植。

(6)西藏分布区:西藏自治区兼有核桃和铁核桃种植和分布。核桃多数种植在藏南谷地和藏东高山峡谷区的农耕地上,并成为当地主要经济树种。铁核桃均为实生野生种,天然分布于自治区南部或靠近国界边缘。

①藏南亚区:包括雅鲁藏布江沿岸自日喀则至林芝的核桃产区(含拉萨河流域的曲水等地)。本亚区有核桃栽培,也有野生铁核桃分布,是本分布区的核桃主产区。核桃栽培区沿雅鲁藏布江流域,从日喀则向东有仁布、贡嘎、加查、朗县、米林和林芝等县,其中,以加查、朗县栽培最多,日喀则以西的拉孜、吉隆等县都是零星分布或种植。藏南亚区的核桃均栽培在可灌溉的农田或"四旁"。栽培核桃的垂直分布范围海拔200～3 836米,但以3 500米以下生长、结实较好。

②藏东亚区:主要包括横断山脉和西部、北部的若干核桃种植县。

本亚区核桃产区北部有靠近青海的丁青,中部有贡觉、八宿、左贡、芒康等县,向南直到近中缅边界的察隅。但以波密、芒康、左贡等地的株数和产量最多。垂直分布范围海拔1 500～3 870米。适宜生长范围主要在海拔3 200米以下。

四、核桃形态特征、生物学特性及对环境的要求

（一）核桃属植物的形态特征

核桃属植物，属于被子植物门双子叶植物纲胡桃科。本属植物为落叶乔木，芽具鳞，小枝髓部呈薄片状分隔。树皮灰色，幼时光滑，老龄时有纵裂。奇数羽状复叶，互生。小叶对生，具锯齿，稀全缘，顶叶有时退化。雌雄同株，雄性柔荑花序下垂，具多数雄花，着生于前一年枝叶腋，雄花具短梗。苞片一枚，小苞片 2 枚，分离。花被片 3 枚，分离，贴生于花托，与苞片相对生。雄蕊多数，通常 4～40 枚，插生于花托上，花丝甚短，近无，花药具毛或无毛，药隔较发达，伸出于花药顶端。雌花序穗状，着生于当年生枝顶端或侧芽，雌花 2～30 余个，每雌花苞片2枚，与 2 枚小苞片愈合成一壶状总苞贴生于子房。花被4枚，高出于总苞，子房下位，2 心皮组成；柱头两裂，呈羽状。果实为假核果，外果皮（青皮）由总苞及花被发育而成，肉

质,光滑或有小突起,被绒毛,完全成熟时常不规则开裂。每个果实有种子 1 枚,稀 2 枚;内果皮骨质,表面具不规则的刻沟或近于平滑;果核内不完全 2～4 室,壁内及隔膜内常具空隙;种皮膜质,极薄,子叶肉质,富含脂肪、蛋白质。

1. 核桃属植物的种及分类

核桃属植物分 3 组,20 多个种。科学出版社 1979 年出版的《中国植物志》第 21 卷将中国核桃属植物分为 2 组 5 种 1 变种,即组 1. 胡桃组,有 2 种,①胡桃即核桃,②泡核桃即铁核桃;组 2. 胡桃楸组,含 3 种 1 个变种,③河北核桃即麻核桃,④胡桃楸,⑤野核桃及其变种华东野核桃。

杨文衡(1984),曲泽洲、孙云蔚(1990)均记述了中国核桃栽培的核桃属植物有 13 个种(含国外引入种)。其中栽培最多的有两个种,即①核桃和②铁核桃,余者有少量栽培或野生,它们是:③核桃楸,④河北核桃,⑤野核桃,⑥心形核桃(姬核桃),⑦吉宝核桃(鬼核桃),⑧黑核桃,⑨灰核桃(白核桃、奶油核桃),⑩函兹核桃,小果核桃,果子核桃,长果核桃。

《中国核桃》(1992)一书中记述我国现有核桃属植物有 3 组 8 种,即核桃组:核桃,铁核桃;核桃楸组:核桃楸,河北核桃,野核桃,心形核桃(姬核桃),吉宝核桃(鬼核桃);黑核桃组:黑核桃。

2. 主要核桃种类的形态特征

(1)核桃:又名胡桃、羌桃、万岁子等,是国内外栽培比较广泛的一种。落叶乔木。一般树高 10～20 米,最高可达 30 米以上,寿命可达一二百年,最长可达 500 年以上。

树冠大而开张,呈伞状半圆形或圆头状。树干皮灰白色、光滑,老时变暗有浅纵裂。枝条粗壮,光滑,新枝绿褐色,具白色皮孔。混合芽圆形或阔三角形,隐芽很小,着生在新枝基部。雄花芽为裸芽,圆柱形,呈鳞片状。奇数羽状复叶,互生,长 30～40 厘米,小叶 5～9 片,复叶柄圆形,基部肥大有腺点,脱落后,叶痕大,呈三角形。小叶长圆形、倒卵形或广椭圆形,具短柄,先端微突尖,基部心形或扁圆形,叶缘全缘或具微锯齿。雄花序柔荑状下垂,长 8～12 厘米,花被 6 裂,每小花有雄蕊 12～26 枚,花丝极短,花药成熟时为杏黄色。雌花序顶生,小花 2～3 朵簇生,子房外面密生细柔毛,柱头两裂,偶有 3～4 裂,呈羽状反曲,浅绿色。果实为核果,圆形或长圆形,果皮肉质,表面光滑或具柔毛,绿色,有稀密不等的黄色斑点,果皮内有种子 1 枚,外种皮骨质称为果壳,表面具刻沟或皱纹。种仁呈脑状,被黄白色或黄褐色的薄种皮,其上有明显或不明显的脉络。

(2)铁核桃:又叫泡核桃、漾濞核桃等。落叶乔木,一般树高 10～20 米,寿命可达百年以上。树干皮灰褐色,老时皮灰褐色,有纵裂。新枝浅绿色或绿褐色,光滑,具白色皮孔。奇数羽状复叶,长 60 厘米左右,小叶 9～13 片,顶叶较小或退化,小叶椭圆披针形,基部斜形,先端渐小,叶缘全缘或微锯齿,表面绿色光滑,背面浅绿色。雄花序呈柔荑状下垂,长 5～25 厘米,每小花有雄蕊 25 枚。雌花序顶生,小花 2～4 朵簇生,柱头两裂,初时粉红色,后变为浅绿色。果实圆形,黄绿色,表面被柔毛,果皮内有种子 1 枚,外种皮骨质称为果壳,表面具刻点,果壳有厚薄之分。内种皮极薄,呈浅棕色,有脉络。

(3)野核桃:落叶乔木或小乔木,由于生长环境不同,树高一般为 5～20 米。树冠广圆形,小枝有腺毛。奇数羽状复叶,长 100 厘米左右,小叶 9～17 片,卵状或倒卵状矩圆形,基部扁圆形或心脏形,先端渐尖。叶缘细锯齿,表面暗绿色,有稀疏的柔毛,背面浅绿色,密生腺毛,中脉与叶柄具腺毛。雄花序长 20～25 厘米,雌花序有 6～10 朵小花呈串状着生。果实卵圆形,先端急尖,表面黄绿色,有腺毛。种子卵圆形,种壳坚厚,有 6～8 条棱脊,内隔壁骨质,内种皮黄褐色极薄,脉络不明显。

(4)核桃楸:又名山核桃、楸子核桃等。落叶乔木,高达 20 米以上。树冠长圆形,树干皮灰色或暗灰色,幼时光滑,老叶有浅纵裂。小枝灰色粗壮,有腺毛,皮孔白色隆起。芽三角形,顶芽肥大、侧芽小,被黄褐色柔毛。奇数羽状复叶互生,长 60～90 厘米,叶总柄有褐色腺毛,小叶 9～17 片,柄极短或无柄,长圆形或卵状长圆形,基部扁圆形,先端渐尖,边缘细锯齿,表面初时有毛,后光滑,背面密生短柔毛。雄花序长 10～30 厘米,着生小花240～250 朵,萼片 4～6 裂,每小花有雄蕊 4～24 枚,花丝短,花药长,杏黄色。雌花序有 5～11 朵小花,串状着生于密生柔毛的花轴上。花萼 4 裂,柱头两裂呈紫红色。果实卵形或卵圆形,先端尖,果皮表面有腺毛,成熟时不开裂。坚果长圆形,先端尖,表面有 6～8 条棱脊,壳和内隔壁坚厚,内种皮暗黄色很薄。

(5)麻核桃:又名河北核桃。落叶乔木,树高 10～20米。树干皮灰色,光滑,老时有浅纵裂。小枝灰褐色,粗壮光滑。叶为奇数羽状复叶,小叶 7～15 片,长圆形或椭圆形,先端渐尖,边缘全缘或微锯齿,表面深绿色光滑,背面灰绿色,疏生短柔毛,脉腋间有簇生。雄花序顶生,小花 2～5 朵簇生。果实长圆形,微有毛或光滑,浅绿色,先端突尖,尖果长圆形,顶端短尖,有明显或不明显的棱线,缝合线隆起。壳坚厚,不易开裂,内隔壁发达,骨质,种仁难取。该种是核桃和核桃楸的天然杂交种。在北京、河北、辽宁等地有生长。

(6)吉宝核桃:又名鬼核桃、日本核桃。原产日本,20世纪 30 年代引入我国。落叶乔木,树高 20～25 米。树干皮灰褐色或暗灰色,有浅纵裂。小枝黄褐色,密生细腺毛,皮孔白色长圆形微隆起。芽三角形,顶芽大,侧芽小,其上密生短柔毛。叶为奇数羽状复叶,小叶 13～17 片,小叶长椭圆形,基部斜形,先端渐尖,边缘微锯齿。叶总柄密生腺毛,小叶无柄。雄花序 15～20 厘米;雌花序顶生,有 8～11 朵小花呈串状着生。子房和柱头紫红色,子房外面密生腺毛,柱头两裂。果实长圆形,先端突尖,绿色,密生腺毛。坚果有 8 条明显的棱脊,两条棱脊之间有刻点,壳坚厚,内隔壁骨质,种仁难取。

该种在辽宁、吉林、山东、山西等地有生长。

(7)心形核桃:又名姬核桃。此种与吉宝核桃在形态上比较相似,主要区别在果实。果实扁心形,较小。坚果扁心形,光滑,先端突尖,缝合线两侧较窄,宽度相当于缝合线两侧的 1/2。非缝合线两侧的中间各有 1 条纵凹沟。坚果壳虽坚厚,但无内隔壁,缝合线处易开裂,可取整仁,出仁率 30%～36%。原产日本,20 世纪 30 年代引入我国。目前在辽宁、吉林、山东、山西、内蒙古等地有生长。可作为果材兼用树种在我国北方栽培。

(8)黑核桃:落叶大乔木,树高可达 30 米以上,树冠圆形或圆柱形。树皮暗褐色或灰褐色,纵裂深。小枝灰褐色或暗灰色,具短柔毛。顶芽阔三角形,侧芽三角形较小。奇数羽状复叶,小叶 15～23 片,近于无柄,小叶卵状披针形,基部扁圆形,先端渐尖,边缘有不规则的锯齿,表面微有短柔毛或光滑,背面有腺毛。雄花序长 5～12 厘米,小花有雄蕊 20～30 枚。雌花序顶生,小花 2～5 朵簇生。果实圆球形,浅绿色,表面有小突起,被柔毛。坚果为圆形稍扁,先端微尖,壳面有不规则的深刻沟,壳坚厚,难开裂。原产北美,目前在北京、南京、辽宁、河南等地有生长。

此外,近年来我国还从国外引种了灰核桃、函兹核桃等。

(二)生物学特性

1.根系生长发育

核桃根系发达,为深根性树种,在土层深厚的土壤中,成年实生树主根可达 6 米以上,侧根水平延伸可超过 14 米,根冠比通常在 2 左右。

核桃实生树在 1~2 年生时主根生长较快,地上部生长缓慢,一年生主根长度可为干高的 5 倍以上,二年生约为干高的 2 倍以上,三年生以后侧根数量增多,向外扩展速度加快;此时地上部的生长也开始加速,随年龄的增长逐渐超过主根。

核桃树的根系主要集中分布在 20~60 厘米土层中,占总根量的 80% 以上。成年核桃根系的水平分布,主要集中在以树干为圆心的 4 米半径范围内,大体与树冠边缘相一致,随着与树冠距离的增加,各级根系数量均呈直线减少的趋势。

核桃根系生长状况与立地条件,尤其是与土层厚薄、石砾含量、地下水位状况有密切关系。在细土粒少、坚实度又较大的石砾沙滩地,核桃根系多分布在客土植穴范围内,穿出者极少。在这种条件下,十年生核桃树高仅有

49

2.5 米的类型多有。

早实核桃比晚实核桃根系发达,幼龄树表现尤为明显。据调查,一年生早实核桃较晚实核桃根系总数多 1.9 倍,根系总长度多 1.8 倍,细根差别更大。发达的根系有利于对矿物质营养和水分的吸收,有利于树体内营养物质的积累和花芽的形成,这也是早实核桃区别于晚实核桃的重要特性。

核桃具有藻菌类形成的内生菌根,细根表皮部密生带有隔膜的菌丝,具有子囊菌的特征。核桃菌根比正常吸收根短、粗,集中分布在 5～30 厘米土层中。土壤含水量为 40%～50% 时,菌根发育最好,树高、干径、根系和叶片的发育状况与菌根的发育呈正相关。

2. 枝条类型、生长发育和功能

核桃枝条的生长,受年龄(成熟性)、营养状况、着生部位的影响。幼树和壮枝 1 年可有两次生长,有时还有三次生长,形成春梢和秋梢。二次生长现象随年龄增长而减弱。二次生长过旺,往往木质化程度低,不利于枝条越冬,应加以控制。幼树枝条的萌芽力和成枝力因品种而异,一般早实核桃品种 40% 以上的侧芽都能萌发出新梢,而晚实核桃只有 20% 左右。核桃背下枝吸水力强,生长旺盛,是不同于其他树种的一个重要特性,在栽培中应加以控制或利用,否则,会造成倒拉枝,紊乱树形,影响骨干枝生长和树下耕作。

成龄核桃树的树冠外围大多着生混合芽,第二年顶端生长点均萌生结果枝,故枝条生长靠侧芽萌发延伸,属于典型的合轴分枝类型,使树冠表面成为分枝最多的结果层。

核桃的枝条主要分为下列几种:

(1)营养枝:长度40厘米以上,只着生叶芽或叶片的枝条,也称为生长枝。营养枝又分为发育枝和徒长枝。由上年叶芽发育而成的健壮营养枝为发育枝,其顶芽为叶芽,萌发后只抽枝不结果,是扩大树冠、增加营养面积和形成结果枝的基础。徒长枝多由树冠内部的休眠芽萌发而成,角度小而直立,节间长、不充实,可用于老树复壮,一般结果树应控制数量和质量,修剪促其成为结果枝组,否则会影响树形,消耗养分。核桃潜伏芽寿命长,百年以上大树仍能萌发,是有利于树体更新的重要特性。

(2)结果枝:着生混合芽的枝条称为结果母枝,混合芽多着生于结果母枝顶端和上部几节,春季萌发抽生结果枝。健壮的结果枝上着生雌花或抽生短尾枝,早实核桃还可以当年萌发,二次开花结果。

(3)雄花枝:为着生雄花芽的细弱枝,多着生在老弱树或树膛郁闭处。雄花枝过多是树势弱的表现,并且无谓消耗养分,影响结实。

3. 芽的种类和花芽分化

核桃芽有3种:①叶芽,萌发后只长出枝和叶;②雄花芽,萌发后形成柔荑花序;③混合芽,萌发后长出枝和叶,并在近顶端形成雌花序。未达开花年龄的幼树,只具叶芽。成年树枝条上的芽则有不同的情况,或同时具有3种芽,或以雄花芽或叶芽为主,极少混合芽,或以混合芽为主等。各类芽在枝条上的着生排列也各有不同。

(1)雄花芽的分化与发育:雄花芽于5月间露出到翌春4月间发育成熟,从开始分化到散粉整个发育过程约一年时间。核桃雄花芽与侧生叶芽属同源器官。核桃雄花芽分化划分为以下五个时期:

①鳞片分化期:母芽雏梢分化之后,在叶腋间出现侧芽原基,4月上旬侧芽原基在母芽内开始鳞片分化,4月下旬随母芽萌发新梢生长,侧芽原基外围已有4个鳞片形成。雄花芽生长点较扁平,鳞片亦较叶芽为少。

②苞片分化期:继鳞片分化期之后,在鳞片内侧,生长点周围,从基部向顶端逐渐分化出多层苞片突起。

③雄花原基分化期:4月下旬到5月初,从雄花芽基部开始向顶端,在苞片内侧基部出现突起,即单个雄花原基。

④花被及雄蕊分化期:5月初至5月中旬,雄花原基顶端变平并凹陷,边缘发生突起,即花被的初生突起。

⑤花被及雄蕊发育完成期:5月中旬至6月初,并排的雄蕊突起发育成并列的柱状雄蕊,最多可观察到6个。一排花被突起发育成一圈向内弯曲包裹着雄蕊,而苞片又从雄花基部伸出,伸向花被外围,此时整个雄花芽已突

破鳞片,像一个松球,至此雄花芽形态分化完成。

雄花芽分化当年夏季变化甚小,长约 0.5 厘米,玫瑰色,秋末变为绿色,冬季变浅灰色,翌春花序膨大。花药的发育从翌年春季开始,花药原基经过分裂,逐渐形成小孢子母细胞。散粉前 3 周分化花粉母细胞,前 2 周形成四分体,其后 2～3 天形成全部花粉粒。花序伸长初期呈直立或斜向上生长,颜色变为浅绿色,1 周后开始变软下垂并伸长,雄花分离,总苞开放。由花序基部向前端各小雄花逐渐开放散粉,2～3 天散完,成熟的花药黄色。散粉速度与气温有关,温度高,散粉快。花序散粉后,花药变褐,枯萎脱落。

雄花芽的着生特点是短果枝＞中果枝＞长果枝,内膛结果枝＞外围结果枝。

(2)雌花芽的分化与发育:雌花芽与顶生叶芽为同源器官。雌花芽形态分化期为中短枝停长后 4～10 周(6 月 2 日～7 月 14 日)。

①核桃雌花芽形态分化的进程:

分化始期:中短枝停长后 4～6 周(6 月 2 日～16 日),25%～35%的芽内生长点进入花芽分化期。此时果实生长速度减缓,果实外形接近于最大体积。

分化集中期:中短枝停长 6～10 周(6 月 16 日～7 月 14 日),50%以上的生长点开始花芽分化,此时果实体积基本稳定并进入硬核期,种仁内含物开始增加。

分化缓慢及停滞期:中短枝停长 10 周以后(7 月 14

日以后），花芽数量不再增长。此时种仁内含物迅速积累，果实渐趋成熟。

②雌花芽各原基分化时期：雌花芽原基于冬前出现总苞原基和花被原基，翌春芽开放之前2周内迅速完成各器官的分化，分化顺序依次为苞片、花被、心皮和胚珠。核桃雌花芽从生理分化开始7~15天进行形态分化，单个混合花芽的生理分化时间短，但全树的生理分化持续时间较长，并与形态分化首尾重叠，在时间上难以截然分开。

分化初期（生长点扁平期），中短枝停长后4~8周（6月2日~30日）；总苞原基出现期，中短枝停长后6~9周（6月16日~7月7日）；花被原基出现期，中短枝停长后7~10周（6月23日~7月14日）；枝停长10周以后，雌花芽的分化停顿而进入休眠，直到翌春3月下旬继续分化雌蕊原基，各原体进一步发育，4月下旬开花。

③雌花芽分化期矿质元素及激素变化：研究结果表明，核桃雌花芽分化期全氮、蛋白质态氮呈下降趋势，淀粉、C/N呈上升趋势；内源IAA、ABA含量在生理分化期出现最高峰。各类物质水平在形态分化期较稳定，唯可溶性糖出现高峰。可以认为，IAA和ABA含量升高，淀粉积累、C/N在4~6之间和蛋白质态氮占全氮80%~90%时有利花芽分化；中短枝停长前及生理分化期为花芽分化调控的关键时期。杜国强（1991）的研究表明，同龄核桃幼树在花芽分化期，C/N、顶芽细胞分裂素及脱落

酸含量、RNA/DNA 值等方面,早实核桃均明显高于晚实核桃。

4. 开花及坐果

核桃为雌雄同株异花树种。雄花芽单性,为裸芽,着生于一年生枝叶腋,单生或叠生,呈短圆锥状,鳞片小,不能被覆芽体,萌发后形成柔荑花序。

核桃雌雄花期多不一致,称为"雌雄异熟性"。雌花先开的称为"雌先型",雄花先开的称为"雄先型";个别雌雄花同开的称为"雌雄同熟"。据观察,核桃雌先型比雄先型树雌花期早 5~8 天,雄花期晚 5~6 天;铁核桃主栽品种多为雄先型,雄花比雌花提早开放 15 天左右。不同品种间的雌雄花期大多能较好地吻合,可相互授粉。雌雄异熟是异花授粉植物的有利特性。核桃植株的雌雄异熟乃是稳定的生物学性状,尽管花期可依当年的气候条件变化而有差异,然异熟顺序性未发现有改变;同一品种的雌雄异熟性在不同生态条件下亦表现比较稳定。

雌雄异熟性决定了核桃栽培中配置授粉树的重要性。雌雄花期先后与坐果率、产量及坚果整齐度等性状的优劣无关,然而在果实成熟期方面存在明显的差异,雌先型品种较雄先型早成熟 3~5 天。

早实核桃具有二次开花的特性。二次花雌、雄花多呈穗状花序。二次花的类型多种多样,有单性花序的,也有雌雄同序的,花序轴下部着生数朵雌花,上部为雄花的,个别尚有雌雄同花的。

不同类型和品种的核桃树开始结果年龄不同,早实核桃 2~3 年,晚实核桃 8~10 年开始结果。初结果树,多先形成雌花,2~3 年后才出现雄花。成年树雄花量多于雌花几倍、几十倍,以至因雄花过多而影响产量。

早实核桃树各种长度的当年生枝,只要生长健壮,都能形成混合芽。晚实核桃树生长旺盛的长枝,当年都不易形成混合芽,形成混合芽的枝条长度一般在 5~30 厘米。

成年树以健壮的中、短结果母枝坐果率最高。在同一结果母枝上以顶芽及其以下 1~2 个腋花芽结果最好。坐果的多少与品种特性、营养状况、所处部位的光照条件有关。一般一个花序可结 1~2 果,也可着生 3 果或多果。着生于树冠外围的结果枝结果好,光照条件好的内膛结果枝也能结果。健壮的结果枝在结果的当年还可形成混合芽,坐果枝中有 96.2% 于当年继续形成混合芽,而落果枝中能形成混合芽的只占 30.2%,说明核桃结果枝具有连续结实能力。核桃喜光与合轴分枝的习性有关,随树龄增长,结果部位迅速外移,果实产量集中于树冠表层。早实核桃二次雌花常能结果,所结果实多呈一序多果穗状排列。二次果较小,但能成熟并具发芽成苗能力,苗木的生长状况同一次果的苗无差异,且能表现出早实特性,所结果实体形大小也正常。

5.果实发育

核桃雌花受粉后第 15 天合子开始分裂,经多次分裂形成鱼雷形胚后即迅速分化出胚轴、胚根、子叶和胚芽。胚乳的发育先于合子分裂,但随着胚的发育,胚乳细胞均被吸收,故核桃成熟种子无胚乳。核桃从受精到坚果成熟需 130 天左右。据罗秀钧等(1988)的观察,依果实体积、重量增长及脂肪形成,将核桃果实发育过程分为以下四个时期:

(1)果实速长期:5 月初至 6 月初 30～35 天,为果实迅速生长期。此期间果实的体积和重量均迅速增加,体积达到成熟时的 90％以上,重量达 70％左右。5 月 7 日～17 日纵、横径平均日增长可达 1.3 毫米;5 月 12 日～22 日重量平均日增长 2.2 克。随着果实体积的迅速增长,胚囊不断扩大,核壳逐渐形成,但白色质嫩。

(2)硬核期:6 月初至 7 月初,35 天左右。核壳自顶端向基部逐渐硬化,种核内隔膜和褶壁的弹性及硬度逐渐增加,壳面呈现刻纹,硬度加大,核仁逐渐呈白色、脆嫩。果实大小基本定型,营养物质迅速积累,6 月 11 日～7 月 1 日的 20 天内出仁率由 13.7％增加到 24％,脂肪含量由 6.9％增加到 29.2％。

(3)油脂迅速转化期:7 月上旬至 8 月下旬,50～55 天。果实大小定型后,重量仍有增加,核仁不断充实饱满,出仁率由 24.1％增加到 46.8％,核仁含水率由 6.20％下降到 2.95%,脂肪含量由 29.24% 增加到 63.09%,核仁风味由甜变香。

(4)果实成熟期:8月下旬至9月上旬,果实重量略有增长,总苞(青皮)颜色由绿变黄,表面光亮无茸毛,部分总苞出现裂口,坚果容易剥出,表示已达充分成熟。

采收早晚对核桃坚果品质有很大影响,过早采收严重降低坚果产量和种仁品质。

核桃落花落果比较严重,一般可达 50%～60%,严重者达 80%～90%。落花多在末花期,花后 10～15 天幼果长到 1 厘米左右时开始落果,果径 2 厘米左右时达到高峰,到硬核期基本停止。侧生果枝落果通常多于顶生果枝。

(三)核桃对环境条件的要求

核桃属植物对自然条件有很强的适应能力。然而,核桃栽培对适生条件却有比较严格的要求,并因此形成若干核桃主产区。超越其生态条件时,虽能生存但往往生长不良,产量低以及坚果品质差等失去栽培意义。我国核桃主产区的气候条件虽有不同但大体相近;铁核桃产区的年平均温度和降水量均较高,反映出两个核桃种对生态条件有着不同的要求。现将影响核桃生长发育的几个主要生态因子简述如下。

1. 温度

核桃是比较喜温的树种。通常认为核桃苗木或大树

适宜生长的年均温 8～15℃,极端最低温度不低于
-30℃,极端最高温度 38℃以下,无霜期 150 天以上的地
区。幼龄树在-20℃条件下出现"抽条"或冻死;成年树
虽能耐-30℃低温,但在低于-28℃的地区,枝条、雄花
芽及叶芽受冻。

核桃展叶后,如遇-2～4℃低温,新梢会受到冻害;
花期和幼果期气温降到-1～2℃时则受冻减产。但生长
温度超过 38℃时,果实易被灼伤,以至核仁不能发育。

铁核桃适合亚热带气候,要求年均温 16℃左右,最冷
月平均气温 4～10℃,如气温过低,则难以越冬。

2. 光照

核桃是喜光树种,进入结果期后更需要充足的光照,
全年日照量不应少于 2 000 小时,如少于 1 000 小时,则结
果不良,影响核壳、核仁发育,降低坚果品质。生长期日
照时间长短对核桃的发育至关重要。

新疆核桃产区日照时数多,核桃产量高,品质好;郁
闭状态下的核桃园一般结实差、产量低,只有边缘树结
实好。

3. 水分

核桃不同的种对水分条件的要求有较大差异。铁核
桃喜欢较湿润的条件,其栽培主产区年降水量为 800～
1 200 米;核桃在降水量 500～700 毫米的地区,只要搞好
水土保持工程,不灌溉也可基本上满足要求。而原产新

疆地区降水量低于 100 毫米的核桃,引种到湿润地区和半湿润地区,则易感病害。

核桃能耐较干燥的空气,而对土壤水分状况却较敏感,土壤过干或过湿都不利于核桃生长发育。长期晴朗而干燥的气候,充足的日照和较大的昼夜温差,有利于促进开花结果。新疆早实核桃的一些优良性状,正是在这样的条件下历经长期系统发育而形成的。土壤太过干旱有碍根系吸收和地上部枝叶的水分蒸腾作用,影响生理代谢过程,甚至提早落叶。幼壮树遇前期干旱和后期多雨的气候时易引起后期徒长,导致越冬后抽条干梢。土壤水分过多,通气不良,会使根系生理机能减弱而生长不良,核桃园的地下水位应在地表下 2 米以下。在坡地上栽植核桃必须修筑梯田撩壕等,搞好水土保持工程,在易积水的地方需解决排水问题。

4. 土壤

地形和海拔不同,小气候各异。核桃适宜于坡度平缓、土层深厚而湿润、背风向阳的条件。种植在阴坡,尤其坡度过大和迎风坡上,往往生长不良,产量很低,甚至成为"小老树",坡位以中下部为宜。同一地区,海拔对核桃的生长和产量有一定影响。

核桃根系发达入土深,属于深根树种,土层厚度在 1 米以上时生长良好,土层过薄影响树体发育,容易"焦梢",且不能正常结果。

核桃喜土质疏松、排水良好的园地。在地下水位过高和质地黏重的土壤上生长不良。

核桃在含钙的微碱性土壤上生长良好,土壤 pH 适应范围 6.3～8.2,最适宜 6.4～7.2。土壤含盐量宜在 0.25％以下,稍有超过即影响生长和产量,含盐量过高会导致植株死亡,氯酸盐比硫酸盐危害更大。

核桃喜肥,适当增加土壤有机质有利于提高产量。

五、苗木培育

(一)砧木的选择

1.优良核桃砧木的标准

砧木苗是用核桃种子繁育而成的实生苗。砧木应具有对土壤干旱、水淹、病虫害的抗性,或具有增强树势、矮化树体的性状。砧木的种类、质量和抗性直接影响嫁接成活率及建园后的经济效益。选择适宜于当地条件的砧木乃是保证丰产的先决条件。因此,砧木的选择是很重要的。砧木的选择需从种内不同类型选择及不同种内及其种间杂交子代选择两个方面进行。着重在生长势、亲和力和抗土壤逆境与病虫害等目标。优良砧木的标准应是:

(1)生长势强,能迅速扩大根系,促进树体生长。砧木对树体生长具有决定性的影响。

(2)抗逆性强,尤其是对土壤盐碱的抗性。

（3）抗病性强。目前已开始频繁发生核桃根系病害及果实病害，因此，应对生产地区的主要病害，应用抗病性强的砧木。

（4）与核桃嫁接亲和力强：培育健壮的优良品种苗木，是发展核桃生产的基础条件之一。我国大部分核桃产区历史上沿用实生繁殖，其后代分离很大，即使在同一株树上采集的种子，后代也良莠不齐，单株间差异悬殊。因此，核桃栽培中，必须使用无性繁殖，使用优良的砧木，嫁接优良品种，才能达到栽培目的。

2. 可供选择的优良砧木

核桃砧木在美国和法国主要采用美国黑核桃、北加州黑核桃，亦称函兹核桃以及一些种间杂种，如奇异核桃等。日本多用心形核桃和吉宝核桃作砧木。

我国核桃资源丰富，我国原产和国外引进的共有 9 个种，其中用于砧木的 7 个种，即核桃、铁核桃、核桃楸、野核桃、麻核桃、吉宝核桃和心形核桃，枫杨虽然不是核桃属，但有时也可作核桃砧木。近年来，山东省果树研究所尝试利用核桃的部分种间杂种的优良类型作为核桃砧木，并且也达到了较好的效果。

（1）核桃：核桃作本砧嫁接亲和力强，接口愈合牢固，我国北方普遍使用。河北、河南、山西、山东、北京等地近几年嫁接的核桃苗均采用本砧，其成活率高，生长结果正常。但是，由于长期采用商品种子播种育苗，实生后代分离严重,类型复杂。在出苗期、生长势、抗性以及与接穗的亲和力等方面都有所差异。因此,培育出的嫁接苗也多不一致。

美国近几年由于采用本砧嫁接,表现生长良好,抗黑线病能力强,进一步引起研究和生产方面的重视。

(2)铁核桃:铁核桃的野生类型又叫夹核桃、坚核桃、硬壳核桃等。它与泡核桃是同一个种的两个类型,主要分布于我国西南各省,坚果壳厚而硬,果形较小,取仁困难,出仁率低,壳面刻沟深而密,商品价值低。

实生的铁核桃是泡核桃、娘青核桃、三台核桃、大白壳核桃、细香核桃等优良品种的良好砧木,砧穗亲和力强,嫁接成活率高,愈合良好,无大、小脚现象。用铁核桃嫁接泡核桃的方法在我国云南、贵州等地应用历史悠久,效益显著。在实现品种化栽培方面,起到了良好的示范作用。

(3)核桃楸:又叫楸子、山核桃等。主要分布在我国东北和华北各省,垂直分布可达 2 000 米以上。根系发达,适应性强,十分耐寒,也耐干旱和瘠薄,是核桃属中最耐寒的一个种。果实壳厚而硬,难以取仁,表面壳沟密而深,商品价值低。核桃楸野生于山林当中,种子来源广泛,育苗成本低,能增加品种树的抗性,扩大核桃的分布区域。但是,核桃楸嫁接品种,后期容易出现"小脚"现象。

(4)野核桃和麻核桃:野核桃主要分布于江苏、江西、浙江、湖北、四川、贵州、云南、甘肃、陕西等地,常见于湿润的杂林中,垂直分布在海拔 800～2 000 米。果实个小,壳硬,出仁率低,多用作核桃砧木。

近年来,山东省果树研究所利用野核桃与早实核桃杂交,也选出一系列种间优系,结果较早,果实也较大,而且表现出较好的抗性,坚果刻沟多而深,形状多样,是优良的砧木或工艺核桃选育材料。

麻核桃又叫河北核桃,是核桃与核桃楸的自然杂交种。主要分布于河北和北京,山西、山东也有发现。它同核桃的嫁接亲和力很强,嫁接成活率也高,可作核桃砧木,只是种子来源少,产量低。坚果多数个大,壳厚,核仁少,刻沟极深,虽无食用价值,但形态雅致,常作为保健用的"揉手"或雕刻为价格高的工艺品。

(5)吉宝核桃和心形核桃:吉宝核桃又叫鬼核桃,原产于日本北部和中部山林中。20 世纪 30 年代引入我国,可作为核桃育种亲本和嫁接核桃的砧木,其抗性仅次于核桃楸,并且不抽条,与核桃亲和力强。

心形核桃又叫姬核桃,果实扁心脏形,果小,是良好的果材兼用树种,原产于日本,是核桃嫁接的良好砧木。

(6)枫杨:枫杨又叫枰柳、麻柳、水槐树等。在我国分布很广,多生于湿润的沟谷或河滩。用枫杨嫁接核桃历史悠久,在山东、安徽、河南、江苏等地都曾推广过枫杨嫁接核桃,山东历城至今还有枫杨嫁接的百年核桃大树和成片核桃园。

多年实践证明,用枫杨作砧木嫁接核桃优良品种可使核桃在低洼潮湿的环境中正常生长结果,有利于扩大核桃栽培区域。但是,枫杨嫁接核桃如果嫁接部位稍高,容易出现"小脚"现象和后期不亲和,保存率较低,因此,生产上不宜大力推广(表8)。

表8　　　　　　　核桃主要砧木种类及其特性

树　种	特　性
核桃	亲和力强,成活率高,实生苗变异大,对盐碱、水淹、根腐、线虫等敏感,是我国北方核桃栽培区常用的砧木
铁核桃	亲和力较强,生长势旺,抗寒性差,适应北亚热带气候,是我国云、贵、川等省栽培中常用的砧木,在北方不能越冬
核桃楸	亲和力较强,实生苗变异大,抗寒不耐干旱,苗期长势差,易发生小脚现象
野核桃	耐干旱、耐瘠薄,适应性强,易发生小脚现象,适于山地和丘陵地区栽植
黑核桃	抗寒性强,较抗线虫和根腐,有矮化及提早结实的作用,有黑线病
加州黑核桃	亲和力强,对线虫、根腐病敏感,较抗蜜环菌
得克萨斯黑核桃	亲和力强,矮化,耐盐碱
枫杨	耐水淹,根系发达,适应性强。山东省早有枫杨嫁接核桃的先例,但生产上保存率很低
奇异核桃	抗线虫、根腐病,耐山地瘠薄,生长快速

(二)良种苗的培育

1.苗圃地选择与准备

苗圃地应选择在地势平坦、土质疏松、土层深厚(大于 1 米)、背风向阳、排水良好、有灌溉条件且交通方便的地方。切忌选择撂荒地、盐碱地以及地下水位在地表 1 米内的地方作苗圃地。此外,也不能选用重茬地,因为重茬地土壤中必需营养元素不足且积累有害元素,会使苗木产量和质量降低。

圃地的整理也是苗木生长质量的重要环节。整地主要是指对土壤进行精耕细作。通过整地可增加土壤的通气透水性,并有蓄水保墒、翻埋杂草残茬、混拌肥料及消灭病虫害等作用。由于核桃幼苗的主根很深,深耕有利于幼苗根系生长。翻耕深度应因时因地制宜。秋耕宜深(20～25 厘米),春耕宜浅(15～20 厘米);干旱地区宜深,多雨地区宜浅;土层厚时宜深,河滩地宜浅;移植苗宜深(25～30 厘米),播种苗宜浅。北方宜在秋季深耕并结合进行施肥及灌冬水。春播前可再浅耕一次,然后耙平供播种用。

2.繁育实生壮苗

(1)种子的采集和贮藏:

①采种:选择生长健壮、无病虫害、种仁饱满的壮龄树为采种母树。当坚果青皮由绿变黄并开裂时可采收。

67

此时的种子内部生理活动微弱,含水量少,发育充实,最易贮存。若采收过早,胚发育不完全,贮藏养分不足,晒干后种仁干瘪,发芽率低,即使发芽出苗,生活力弱,也难成壮苗。

采种方法有拣拾法和打落法两种,前者是随坚果自然落地,定期拣拾;后者是当树上果实青皮有 1/3 以上开裂时打落。种用核桃不用漂洗,可直接脱青皮晾晒。晾晒的种子要薄层摊在通风干燥处,不宜放在水泥地面、石板或铁板上受阳光直接暴晒,否则会影响种子的生活力。

②贮藏:核桃种子无后熟期。秋播的种子在采收后 1 个多月就可播种,有的可带青皮播种,晾晒的不需干透。多数地区以春播为主,春播的种子贮藏时间较长。贮藏时应保持在 5℃左右,空气相对湿度 50%~60%,适当通气。核桃种子主要采用室内干藏法贮藏。干藏分为普通干藏和密封干藏两种。前者是将秋采的干燥种子装入袋或缸等容器内,放在低温、干燥、通风的室内或地窖内。种子少时要用密封干藏法贮藏,即将种子装入双层塑料袋内,并放入干燥剂密封,然后放入可控温、控湿、通风的种子库或贮藏室内。

除室内干藏以外,也可采用室外湿沙贮藏法,即选择排水良好、背风向阳、无鼠害的地方,挖掘贮藏坑。一般坑深为 0.7~1.0 米,宽 1.0~1.5 米,长度依种子多少而定。种子贮藏前应进行选择,即将种子泡在水中,将漂浮于水上、种仁不饱满的种子挑出。种子浸泡 2~3 天后取出并沙藏。先在坑底铺一层湿沙(以手握成团不滴水为度),厚约10厘米,放上一层核桃后用湿沙填满核桃间的空隙,厚约10厘米,然后再放一层核桃,再填沙,一层层直到距坑口20厘米处时,用湿沙覆盖与坑口持平,上面用土培成脊形。同时在贮藏坑四周挖排水沟,以免积水浸入坑内,造成种子霉烂。为保证贮藏坑内空气流通,应于坑的中间(坑长时每隔2米)竖一草把,直达坑底。坑上覆土厚度依当地气温高低而定。早春应随时注意检查坑内种子状况,不要使其霉烂。

(2)种子的处理:秋播种子不需任何处理,可直接播种。春季播种时,要进行浸种处理,以确保发芽。具体方法有:

①冷水浸种法:用冷水浸种7～10天,每天换一次水,或将盛有核桃种子的麻袋放在流水中,使其吸水膨胀裂口,即可播种。

②冷浸日晒法:将冷水浸过7～10天的种子置于阳光下暴晒,待大部分种子裂口后即可播种。

③温水浸种法:将种子放在80℃温水缸中搅拌,使其自然降至常温后,浸泡8～10天,每天换水,种子膨胀裂口后捞出播种。

④开水浸种法:当时间紧迫,种子未经沙藏急需播种时,可将种子放入缸内,然后倒入种子量1.5～2倍的开水,随倒随搅拌,2～3分钟后捞出播种。也可搅到水温不烫手时将种子捞出,放入凉水中浸泡一昼夜,再捞出播

种。此法还可同时烫死种子表面的病原菌。但薄壳和露仁种子不能采用这种方法。

⑤石灰水浸种法:将种子浸在石灰水溶液中(每50千克种子用5千克生石灰和10千克水),不需换水,浸泡7~8天,然后捞出暴晒几个小时,待种子裂口时,即可播种。

(3)播种时期:南方温暖适于秋播,北方寒冷适于春播。秋播一般在10月中旬至11月下旬土壤结冻前进行。应注意,秋季播种不宜过早或过晚。有的地方采用秋季播种是在采收后直接带青皮播种。秋播的优点是不必进行种子处理,春季出苗整齐,苗木生长健壮。春播一般在3月下旬至4月上旬土壤解冻以后进行。春播的缺点是播种期短,田间作业紧迫,且气候干燥,不易保持土壤湿度,苗木生长期短,生长量小。

(4)播种方法:核桃为大粒种子,一般均用点播法。播种时,壳的缝合线应与地面垂直,使苗基及主根均垂直生长,否则会造成根颈或幼茎的弯曲。播种深度一般在6~8厘米为宜,墒情好,播种已发芽的种子覆土宜浅些;土壤干旱或种子未裂嘴时,覆土略深些,必要时可覆盖薄膜以增温保湿。播种已发芽的种子,可将胚根根尖削去1毫米,促使侧根发育。

(5)播种密度:行距实行宽窄行,即宽行50厘米,窄行30厘米,株距25厘米,每亩出苗6 000~7 000株,一般当年生苗在较好的环境条件下,可达80厘米高,根基直径 2 厘米左右,即可作砧木用。

3. 嫁接苗繁育

(1)接穗的采集和运输:

①接穗的选择:选接穗前首先应选好采穗母树。采穗母树应为生长健壮、无病虫害的良种树。也可建立专门的采穗圃。接穗的质量直接关系到嫁接成活率的高低,应加强对采穗母树或采穗圃的综合管理。穗条为长 1米左右、粗 1.5 厘米左右,生长健壮,发育充实,髓心较小,无病虫害的发育枝或徒长枝。一年生穗条缺乏时,也可用强壮的结果母枝或基部二年生枝段的结果母枝,但成活率较低。芽接用接穗应是木质化较好的当年生发育枝,幼嫩新梢不宜作穗条。所采接芽应成熟饱满。

②接穗的采集:枝接接穗从核桃落叶后,直到芽萌动前都可进行采集。各地气候条件不同,采穗的具体时间不一样,北方核桃抽条严重,冬季或早春枝条易受冻害,宜在秋末冬初采集接穗。此时采的接穗只要贮藏条件好,防止枝条失水或受冻,均可保证嫁接成活。冬季抽条和冻害轻微地区或采穗母树为成龄树时,可在春季芽萌动之前采集。此时接穗的水分充足,芽子处于即将萌动状态,嫁接成活率高,可随采随用或短期贮藏。

枝接采穗时宜用手剪或高枝剪,忌用镰刀削。剪口要平,不要剪成斜茬。采后将穗条按长短粗细分级,每30~50 条一捆,基部对齐,剪去过长、弯曲、不成熟的顶梢,有条件的用蜡封上剪口,最后用标签标明品种。

　　芽接所用接穗,夏季可随用随采或短期贮藏,但贮藏时间越长,成活率越低,一般贮藏不宜超过 5 天。芽接用接穗,从树上剪下后要立即剪去复叶,留 2 厘米左右长的叶柄,每 20～30 根打一捆,标明品种。

　　③接穗的贮运:枝接所用接穗最好在气温较低的晚秋或早春运输,高温天气易造成接穗霉烂或失水。严冬运输应注意防冻。接穗运输前,要用塑料薄膜包好密封。长途运输时,塑料包内要放些湿锯末。

　　接穗就地贮藏过冬时,可在阴暗处挖宽 1.2 米、深 80 厘米的沟,长度按接穗的多少而定。然后将标明品种的成捆接穗放入沟内,若放多层,每层中间应加 10 厘米厚的湿沙或湿土,接穗上盖 20 厘米左右的湿沙或湿土,土壤结冻后加沙(土)厚 40 厘米。当土壤湿度升高时,应将接穗移入冷库等湿度较低的地方。

　　芽接所用接穗,由于当时气温高,保鲜非常重要。采下接穗后,要用湿润的麻袋片包好,里面装些湿锯末,运到嫁接地时,将接穗置于潮湿阴凉处,并经常洒水保湿。

　　(2)嫁接技术:

　　①嫁接时期:核桃的嫁接时期,因地区、气候条件和嫁接方法不同而异。一般来说,室外枝接的适宜时期是从砧木发芽至展叶期,北方多在 3 月下旬到 4 月下旬,南方则在 2～3 月。芽接时间,北方地区多在 5 月下旬到 7 月中旬,其中 5 月下旬至 6 月中旬最好;云南则在 2～3 月。

②枝接:

劈接:适于树龄较大、苗干较粗的砧木。操作要点是:选2～4年生直径3厘米以上的砧木,于干基10厘米处锯断,削平锯口,用刀在砧木中间垂直劈入,深约5厘米。接穗两侧各削一对称的斜面,长4～5厘米,然后迅速将接穗削面插入砧木劈口中,使接穗削面露出少许,并使砧、穗两者形成层紧密对合。接穗细时,可使两者一侧形成层对齐,然后用塑料条绑严,以利愈合。

插皮舌接:在适当位置剪断砧木,削平锯口,然后,选砧木光滑处由上至下削去老皮,长6～8厘米,接穗削成长5～7厘米的大削面,刀口一开始就向下切凹,并超过髓心,而后斜削,保证整个斜面较薄,用手指捏开削面背后皮层,使之与木质部分离,然后将接穗的皮层盖在砧木皮层的削面上,最后用塑料绳绑紧接口。此法应在皮层容易剥离、伤流较少时进行。注意接前不要灌水,接前3～5天预先锯断砧木放水。

舌接:此法主要用于苗木嫁接。选根径1～2厘米的1～2年生实生苗,在根以上10厘米左右处剪断,然后选择与之粗细相当的接穗,剪成12～14厘米长的小段。将砧、穗各削成3～5厘米长的光滑斜面,在削面由上往下1/3处用嫁接刀纵切,深达2～3厘米,然后将砧、穗立即插合,双方削面要紧密镶嵌,并用塑料绳绑紧。

切接:剪断砧木后,从断面的一侧皮层内略带木质部处垂直劈入,使切口长度与接穗削面长度一致。接穗的削法是:先在一侧削一斜面长6~8厘米,再在另一侧削1厘米长的小斜面,将大斜面朝里插入砧木劈口,对准形成层,然后用塑料绳包严扎紧。

插皮接:先剪断砧木,削平锯口,在砧木光滑处,由上向下垂直划一刀,深达木质部,长约1.5厘米,用刀尖顺刀口向左右挑开皮层。接穗的削法是,先将一侧削成一大削面(开始时下削,并超过中心髓部,然后斜削),长6~8厘米,然后将大削面背面0.5~1.0厘米处往下的皮层全部切除,稍露出木质部。插接穗时要在砧木上纵切,深达木质部,将接穗顺刀口插入,接穗内侧露白0.7厘米左右,使二者皮部相接,然后用塑料布包扎好。

腹接:又称一刀半腹接法。选用粗度不小于2厘米的砧木,在距地面20~30厘米处与砧木呈20°~30°角向下斜切5~6厘米长的大削面,背面是3~4厘米长的小削面,用手轻掰砧木上部,使切口张开。将接穗大削面朝里插入切口,对准形成层,放手后即可夹紧,在接口以上5厘米处剪断砧木,用塑料布包严扎紧。

枝接技术的关键:接穗削面长度宜大于5厘米,并且要光滑。接穗插入砧木接口时,必须使砧、穗的形成层相互对准密接。蜡封接穗接口要用塑料薄膜包扎严密,绑缚松紧适度;对未蜡封的接穗可用聚乙烯醇胶液(聚乙烯醇:水=1:10加热熔解而成)涂刷接穗以防失水。

③芽接:

绿枝凹芽接:在砧木上选一周围较光滑且芽座较小

的芽,在芽上下 0.5 厘米处各横切一刀,两侧 0.5 厘米处各纵切一刀,长达 3～4 厘米,深达木质部,将砧木芽取下。

选接穗上饱满芽为接芽,在接芽两侧各纵切一刀,深达木质部,长 3～4 厘米,在接芽上、下方刮除青皮至韧皮部,长 0.5～1.0 厘米。然后在刮除青皮部位以外横切一刀,取下接芽,要带有维管束(俗称护芽肉)。将削好的接芽对准砧木芽插入砧木,使其维管束对齐,用砧木皮将接芽两端嫩皮部分压住,用塑料条由上而下绑牢接芽。注意使芽外露。接后 20 天左右,接芽开始萌发,要及时抹去砧木上的芽子。在接芽以上 1 厘米处剪断砧木。

方块形芽接:先在砧木上切一长 4 厘米左右、宽 2～3 厘米的方块,将树皮挑起,再安回原处,以防切口失水干燥,然后在接穗上取下与砧木切口大小相同的方块形芽片(芽内维管束要保持完好),并迅速镶入砧木切口,使两切口密接,然后绑紧即可。

"T"形芽接:先将接穗芽片切成盾形,长 3～5 厘米,上宽 1.5 厘米。砧木在光滑部位切一"T"形口,横向比接芽略宽,深达木质部,长度与芽片相当,然后用刀挑开皮层,将接芽迅速插入,务使芽片与砧木紧密相贴,上切口形成层要对齐,然后用塑料条自上而下绑紧。

"工"字形芽接:在接穗芽上、下各切一刀,深达木质部,长 3～4 厘米,宽 1.5～2.5 厘米,在砧木适当部位量取同样长度,上、下各切一刀,宽度超过接芽,从中间竖着撕去 0.3～0.5 厘米宽的皮,然后剥开两边皮层。将芽片四周剥离(一定带维管束,即护芽肉),将芽片嵌入砧木切口中,用塑料布自上而下包严包紧。

芽接的技术关键:在核桃发芽后两个月左右,从树上采取芽饱满的当年新枝作接穗。选择晴朗天嫁接,接后3天内不遇雨,易于成活。因核桃芽大,叶柄基部大,故芽片亦需大。改良块状芽接法的芽片长5～6厘米。剥取芽片时注意勿碰掉芽片里面的护芽肉(维管束)。使用双刃芽接刀,可使芽片和砧木上的切口长度完全一致,密合无缝。用质地较柔韧的塑料布条(宽约1厘米)严密捆绑。嫁接时间宜在7月上旬之前,芽接苗有较长的生长期,可安全越冬并保证苗木质量。

(3)田间苗圃嫁接:春天利用硬枝舌接法和绿枝芽接及改良绿枝接方法进行。苗圃嫁接须在室外最高气温达28℃,一般砧苗展叶时进行。防止伤流是保证嫁接成功的重要措施。可通过以下方法控制伤流。

①砧木放水方法:在嫁接前两周将砧木准备嫁接的部位以上10厘米处截去梢部放水,嫁接时再往下截10厘米削接口嫁接。

②砧苗断根法:用铁锹在主根20厘米处截断,降低根压,减少伤流。

③刻伤法:在砧木苗干基部用刀刻伤口深达木质部放水。

(4)嫁接苗管理:

①枝接苗的接后管理:接后一个月内要经常检查,接

穗萌芽后,要及时开口放风,待接口愈合,新梢生长后逐步去掉保护物并解绑。

除砧苗萌芽:嫁接愈合过程中及成活后,要及时除去砧苗上的萌芽,以保成活和促进接穗生长。但对未成活砧木苗要选留一枝培养以便再接。

立支柱绑缚嫁接苗,以防风折。一般解绑绳与立支柱同时进行。

室内嫁接苗的移植:嫁接苗的接口愈合尚不牢固,挪动时应整株苗轻拿轻放,谨防折断;接口已经愈合成活的嫁接苗芽已萌发,而刚移植时其根系尚未正常生长,不能吸收足够的水分供应新梢生长,常导致抽干死亡,故移植后要随即采取保湿措施,如定时喷水(雾),或以塑料薄膜覆盖并遮阴,待10天左右,根系恢复后,再撤去覆盖物。

②芽接苗的接后管理:

检查成活及补接:芽接后第二周左右要检查成活,凡接芽新鲜、叶柄一触即掉者示成活,反之示死亡,对死亡的要及时补接。

对嫁接时期早,接芽可萌发的,要及时从接芽以上10厘米处剪去砧木茎干,促进接芽萌发及新梢生长;对芽接时间较晚,当年不能萌芽的要保留部分接芽以上的枝叶,并保护接芽的安全越冬,待第二年早春萌芽前再剪去接芽以上砧木的枝干。

4.苗木出圃

苗木出圃是育苗的最后一个环节。为使苗木栽植后

77

生长很好,对苗木出圃工作必须予以高度重视。起苗前要对培育的苗木进行调查,核对苗木的品种和数量,根据购苗的情况,作出出圃计划。安排好苗木假植和储藏的场地等。

（1）起苗和假植:起苗应在苗木已停止生长,树叶已凋落时进行。土壤过干时,挖苗前需浇一次水,这样便于挖苗,少伤根。一年生苗的主根和侧根至少应保持在20厘米,根系必须完整。对苗木要及时整修,修剪劈裂的根系,剪掉蘖枝及接口上的残桩,剪短过长的副梢等。

苗木整修之后如果不能随即移植,可就地临时假植,假植沟应选择地势高燥、土质疏松、排水良好的背风处。东西向挖沟,宽、深各1米,长度依据苗木数量而定。分品种把苗木一排排稍倾斜地放入沟内,用湿沙土把根埋严。苗木梢尖与地面平或稍高于地面。如果苗木数量大、品种多,同埋在一条沟中,各品种一定要挂牌标明并用秸秆隔开,建立苗木假植记录,以免混乱。每隔2米远埋一秸秆把,使之通气。埋完后浇小水一次,使根系与土壤结合,并增加土壤湿度,防止根部受干冻。天气较暖时可分次向沟内填土,以免一次埋土过深根部受热。

（2）苗木分级:苗木分级是圃内最后的选择工作,对定植后的成活率和核桃树的生长结果均有影响。一定要根据国家及地方的有关统一的分级标准,将出圃苗木进行分级。不合格的苗木应列为等外苗,不应出圃,留在圃内继续培养。

(3)苗木的检疫:苗木检疫是防止病虫传播的有效措施。凡列入检疫对象的病虫,应严格控制不使蔓延,即使是非检疫对象的病虫亦应防止传播。因此,出圃时苗木需要消毒。方法如下:①石硫合剂消毒,用 4～5 波美度的溶液浸苗木 10～20 分钟,再用清水冲洗根部 1 次。②波尔多液消毒,用 1:1:100 倍药液浸苗木 10～20 分钟,再用清水冲洗根部 1 次。③升汞水消毒,用 60% 浓度的药液浸苗木 20 分钟,再用清水冲洗 1～2 次。

(4)苗木的包装和运输:苗木如调运外地时,必须包扎,以防止根系失水和遭受机械损伤。每 50～100 株打成一捆,根部填充保湿材料,如湿锯末、水草之类,外用湿草袋或蒲包把苗木的根部及部分茎部包好。途中应加水保湿。为防止品种混杂,内外都要有标签。气温低于 -5℃ 时,要注意防冻。

5. 室内嫁接

秋末将砧苗起出,在沟中或窖内假植,1～3 月时用裸根砧苗(砧苗应先在温室 20℃ 左右催醒 10 天)嫁接,接后应置于湿锯末温床保湿,放在温度 28℃ 下约 20 天,待伤口愈合后再移栽到田间。室内嫁接较易控制温度和湿度,有利促进愈合成活,但直接移植于田间往往成活率较低,故多采用将已愈合成活的苗木移植于塑料棚中或者在室内嫁接后直接栽于塑料大棚,但需对棚内采取增温和保湿措施。愈合成活后,随气温升高,逐渐撤除大棚塑料膜,秋季出圃,可免去移植的损失。

(1)核桃子苗嫁接:核桃幼苗出土1周后的嫩茎基部粗度在5毫米左右,此时种子内的胚乳营养丰富,可供给幼苗健壮生长,故用子苗作砧木进行枝接,既有利愈合成活又可缩短育苗周期,省工省时,降低成本,是大粒种子嫁接育苗的有效途径之一。子苗砧嫁接一般用休眠硬枝作接穗,也可用未生根的组培苗作接穗(微枝嫁接法)。子苗砧枝接法与一般枝接法相同,用刚出土、嫩茎高10厘米左右的子苗作砧木,以与子苗根颈粗度相近的枝条作接穗,用劈接法嫁接(接穗两面削成楔形)。优点是育苗周期短,当年可出圃,无须培育一年生的砧木,嫁接也较省力省工。

子苗砧嫁接的技术关键:子苗砧培育。播种时种子的放置,必须使缝合线垂直于地面,否则将因胚轴扭曲无法嫁接;种子催芽伸出胚根,可将根尖掐去,在300毫升/升萘乙酸液中蘸一下,即行播种,可促进胚轴(嫁接部位)增粗。接穗枝应与子苗根颈同粗或略粗一些,但不能过粗;如用稍粗的接穗,在插入接口时,要对准一边的形成层,插入后,可用洗净的牙膏皮条(宽1.5厘米左右)捏夹固定接口。在嫁接及接后促进愈合过程中,不要损伤子叶柄和触掉种壳,以保持子苗养分供应。接后要立即植于温室锯末床中,保持28℃左右,覆膜或喷雾保湿,促进愈合成活。

(2)核桃微枝嫁接法:以组培繁殖的无根小苗(微枝)

作接穗,嫁接在刚出土1周左右的幼嫩子苗砧上,获得优良品种苗。优点为繁殖快,一个芽一年可繁殖千株以上的小苗,即生产千根以上的穗条;虽然对条件和技术要求较高,但劳动强度小,繁殖快;苗木愈合生长好,而且无病毒,一年生嫁接苗高可长至50厘米左右,即可出圃定植。

　　①微枝快繁方法(组培苗的培育):核桃组织培养选用 DKW 培养基(表9)。微枝增繁的最佳方法为:将单节茎段植入加有1毫克/升 BA 的 DKW 培养基上,每隔20天转移一次培养基,待抽出的新枝长达4个节间以上(6厘米以上)时,再切割成单芽茎段培养,如此反复,一年可继代培养4~5次,增繁率可达1:1 064。用于嫁接的微枝要求基部直径在3毫米以上,小叶片健康,微枝已半木质化。过弱过嫩的微枝成活率不高。

表9　　　　　　　　DKW 核桃培养基成分表

成　分	用量(毫克/升)	成　分	用量(毫克/升)
NH_4NO_3P	1 416.0	$CuSO_4 \cdot H_2O$	0.25
$Ca(NO_2)_2 \cdot 4H_2O$	1 968.0	H_3BO_3	4.0
K_2SO_4	1 559.0	$Na_2MoO_4 \cdot 2H_2OP$	0.39
$MgSO_4 \cdot 7H_2O$	740.0	$FeSO_4 \cdot 7H_2O$	33.8
$CaCl_2 \cdot 2H_2OP$	149.0	Na_2EDTA	45.4
KH_2PO_4	265.0	$NiSO_4 \cdot 6H_2O$	0.005
肌醇	100.0	盐酸硫胺素	2.0
蔗糖	30 000.0	烟酸	1.0
$Zn(NO_3)_2 \cdot 6H_2O$	17.0	甘氨酸	2.0
$MnSO_4 \cdot H_2O$	33.5		

子苗砧的培育与前文介绍的方法相同。

②微枝嫁接方法：首先需准备好嫁接工具，如单面剃须刀片、绑扎材料（塑料布条或经退火的牙膏皮等），然后选择适宜的嫁接子苗及微枝，在清水中分别冲洗掉泥和附着的培养基。一般采用劈接法嫁接，在操作过程中，要随时用喷壶喷湿微枝，接后即栽入容器（营养杯、播种箱）或苗床，并立即以塑料布（或套塑料袋）盖严，防止微枝萎蔫。在温度 25℃ 左右，愈合最快。愈合期间适当用 DKW 培养基溶液喷在微枝嫩叶上 2～4 次，可改善微枝营养状况，提高成活率。约两周后，小叶增大变翠绿色，开始抽生新梢，即已成活。可撤去塑料袋，在温室锻炼两周，需经常在叶面喷水，待苗健壮并能够在野外生长时，移入苗圃。

核桃微枝嫁接是嫁接育苗的一项新技术，需有配套的组培室、温室（或塑料大棚、全光照喷雾设备）、苗圃等配套设施，以及经过培训的技术工人。在有条件的县级育苗单位，可以采用。

六、合理规划建园

(一)园地选择

建园地点的气候条件要符合计划发展的核桃品种生长发育的要求。

地形应选择背风向阳的山丘缓坡地、平地及排水良好的沟坪地。土层厚度应在 1 米以上,pH 为 6.5～7.5,地下水位应在地表 2 米以下。

排灌方便,特别是早实品种密植丰产园应达到旱能灌溉、涝能排水的要求。

注意园地的前茬树种,在柳树、杨树、槐树生长过的地方栽植核桃,易染根腐病,应尽量避开。还应注意环境污染问题。

核桃商品生产基地的条件:具有适宜核桃生长发育的自然条件,生产潜力大,产品质量优,投资产生的效益高;土地资源丰富,在不与粮争地的情况下,较集中连片,适于集约化生产;技术力量雄厚,具有大规模发展品种核桃生产的能力,具有先进的栽培技术装备;具有高产、优质、抗逆性强、商品价值高的良种资源,其产品能适销国内外市场。

(二)核桃园规划

选定核桃园地之后,就要作出具体的规划设计。园地规划设计是一项综合性工作,在区划时应按照核桃的生长发育特性,选择适当的栽培条件,以满足核桃正常生长发育的要求。对于那些条件较差的地区,要充分研究当地土壤、肥水、气候等方面的特点,采用相应措施,改善环境,在设计的过程中,逐步加以解决和完善。

1.规划设计的原则

核桃园的规划设计应根据建园方针、经营方向和要求,集合当地自然条件、物质条件、技术条件等综合考虑,进行整体规划。

要因地制宜选择良种,依品种特性确定品种配置及栽植方式。优良品种应丰产、优质和抗性强。

有利于机械化的管理和操作。核桃园中有关交通运输、排灌、栽植、施肥等,必须有利于实行机械化管理。

设计好排灌系统,达到旱能灌、涝能排。

注意栽植前核桃园土壤的改良,为核桃的良好生长发育打下基础。

规划设计中应把小区、路、林、排、灌等协调起来,节约用地,使核桃树的占地面积不少于85%。

合理间作,以园养园,实现可持续发展。初建园期应充分利用果粮、果药、果果间作等的效能,以短养长,早得收益。

2.规划设计的步骤

(1)园地调查:为了掌握要建园地的概貌,规划前必须对建园地点的基本情况进行详细调查,为园地的规划设计提供依据,以防止因规划设计不合理给生产造成损失。参加调查的人员应有从事果树栽培、植物保护、气象、土壤、水利、测绘等方面的技术人员以及农业经济管理人员。调查内容包括以下几个方面:

①社会情况:包括建园地区的人口、土地资源、经济状况、劳力情况、技术力量、机械化程度、交通能源、管理体制、市场销售、干鲜果比价、农业区划情况以及有无污染源等。

②果树生产情况:当地果树及核桃的栽培历史,主要树种、品种,果园总面积、总产量。历史上果树的兴衰及原因。各种果树和核桃的单位面积产量。经营管理水平及存在的主要病虫害等。

③气候条件:包括年平均温度、极端最高和最低温度、生长期积温、无霜期、年降水量等。常年气候的变化情况,应特别注意对核桃危害较严重的灾害性天气,如冻

害、晚霜、雹灾、涝害等。

（2）土壤调查：应包括土层厚度，土壤质地，酸碱度，有机质含量，氮、磷、钾及微量元素的含量等，以及园地的前茬树种或作物。

（3）水利条件：包括水源情况、水利设施等。

3. 测量和制图

建园面积较大或山地园，需进行面积、地形、水土保持工程的测量工作。平地测量较简单，常用罗盘仪、小平板仪或经纬仪，以导线法或放射线法将平面图绘出，标明突出的地形变化和地物。山地建园需要进行等高测量，以便修筑梯田、撩壕、鱼鳞坑等水土保持工程。

园地测绘完以后，即按核桃园规划的要求，根据园地的实际情况，对作业区、防护林、道路、排灌系统、建筑用地、品种的选择和配置等进行规划，并按比例绘制核桃园平面规划设计图。

（三）不同栽培方式建园的设计内容

核桃的栽培方式主要有三种。一种是集约化园片式栽培，无论幼树期是否间作，到成龄树时均成为纯核桃园。另一种是立体间作式栽培，即核桃与农作物或其他果树、药用植物等长期间作，此种栽培方式能充分利用空间和光能，且有利于提高核桃的生长和结果，经济效益快而高。第三种栽培方式是利用沟边、路旁或庭院等闲散土地的零星栽植,也是我国发展核桃生产不可忽视的重要方面。

在三种栽培方式中,零星栽培只要园地符合要求,并进行适当的品种配置即可。其他两种栽培方式,在定植前,均要根据具体情况进行周密的调查和规划设计。主要内容包括:作业区划分及道路系统规划,核桃品种及品种的配置,防护林、水利设施及水土保持工程的规划设计等。

1. 作业区的划分

作业区为核桃园的基本生产单位,形状、大小、方向都应与当地的地形、土壤条件及气候特点相适应,要与园内道路系统、排灌系统及水土保持工程的规划设计相互配合协调。为保证作业区内技术的一致性,作业区内的土壤及气候条件应基本一致,地形变化不大,耕作比较方便的地方,作业区面积可定为50~100亩。地形复杂的山地核桃园,为减少和防止水土流失,依自然流域划定作业区,不硬性规定面积大小。作业区的形状多设计为长方形。平地核桃园,作业区的长边应与当地风害的方向垂直,行向与作业区长边一致,以减少风害。山地建园,作业区可采用带状长方形,作业区的长边应与等高线的走向相一致,以提高工作效率。同时,要保持作业区内的土壤、光照、气候条件的相对一致,更有利于水土保持工程的施工及排灌系统的规划。

2. 防护林的设置

防护林主要是防止和减少风、沙、旱、寒的危害和侵袭,以减低风速,减少土壤水分蒸发,调节温度,增加积雪等。山地核桃园防护林主要目的是防止土壤冲刷,减少水土流失,涵养水源,应尽量利用分水岭及沟边栽植。平地及沙荒地核桃园防护林主要目的是防风固沙,最好在建园前先行营造,以保护幼树。

防护林树种选择,应尽量就地取材,选用风土适应性强、生长速度快、寿命长、树冠高、枝多冠密、与核桃无共同病虫害,并有一定经济价值的树种。

3. 道路系统的规划

为使核桃园生产管理高效方便,应根据需要设置宽度不同的道路。各级道路应与作业区、防护林、排灌系统、输电线路、机械管理等互相结合。一般中大型核桃园由主路(或干路)、支路和作业道三级道路组成。主路贯穿全园,宽度要求 4～5 米。支路是连接干路通向作业区的道路,宽度要求达到 3～4 米。小路是作业区内从事生产活动的要道,宽度要求达到 2～3 米。小型核桃园可不设主路和小路,只设支路。山地核桃园的道路应根据地形修建。坡地道路应选坡度较缓处,路面要内斜,路面内侧修筑排水沟。

4. 排灌系统的设置

排灌系统是核桃园科学、高效、安全生产的重要组成部分。山地干旱地区核桃园,可结合水土保持、修水库、开塘堰、挖涝池,尽量保蓄雨水,以满足核桃树生长发育的需求。平地核桃园,除了打井修渠满足灌溉以外,对于易于沥涝的低洼地带,要设置排水系统。

输水和配水系统,包括干渠、支渠和园内灌水沟。干渠将水引至园中,纵贯全园。支渠将水从干渠引至作业区。灌水沟将支渠的水引至行间,直接灌溉树盘。干渠位置要高些,以利扩大灌溉面积,山地核桃园应设在分水岭上或坡面上方,平地核桃园可设在主路一侧。干渠和支渠可采用地下管网。山地核桃园的灌水渠道应与等高线走向一致,配合水土保持工程,按一定的比降修成,可以排灌兼用。

核桃属深根树种,忌水位过高,地下水位距地表小于2米,核桃的生长发育即受抑制。因此,排水问题不可忽视,特别是起伏较大的山地核桃园和地下水位较高的下湿地,都应重视排水系统的设计。山地核桃园主要排除地表径流,多采用明沟法排水,排水系统由梯田内的等高集水沟和总排水沟组成。集水沟可修在梯田内沿,而总排水沟应设在集水线上。平地核桃园的排水系统由小区以内的集水沟和小区边沿的支沟与干沟三部分组成,干沟的末端为出水口。集水沟的间距要根据平时地面积水情况而定,一般间隔2～4行挖一条。支沟和干沟通常都是按排灌兼用的要求设计,如果地下水位过高,需要结合降低水位的要求加大深度。

5.授粉树配置

选择栽植的品种,应具有良好的商品性状和较强的适应能力。核桃具有雌雄异熟、风媒传粉、传粉距离短及坐果率差异较大等特性,为了提供良好的授粉条件,最好选用 2～3 个主栽品种,而且能互相授粉。专门配置授粉树时,可按每 4～5 行主栽品种,配置一行授粉品种。山地梯田栽植时,可以根据梯田面的宽度,配置一定比例的授粉树,原则上主栽品种与授粉比例不低于 8∶1 为宜。授粉品种也应具有较高的商品价值。

6.栽植密度

核桃栽植密度,应根据立地条件、栽培品种和管理水平不同而异,以单位面积能够获得高产、稳产、便于管理为原则。栽培在土层深厚、肥力较高的条件下,树冠较大,株行距也应大些,晚实核桃可采用 6 米×8 米或 8 米×9 米,早实核桃可采用 4 米×5 米或 4 米×6 米,也可采用 3 米×3 米或 4 米×4 米的计划密植形式,当树冠郁闭、光照不良时,可有计划地间伐成 6 米×6 米和 8 米×8 米。

对于栽植在耕地田埂、坝堰,以种植作物为主,实行果粮间作的核桃园,间作密度不宜硬性规定,一般株行距为 6 米×12 米或 8 米×9 米。山地栽植以梯田宽度为准,一般一个台面一行,台面宽于 20 米的可栽植两行,台面宽度小于 8 米时,隔台一行,株距一般为晚实核桃 5～8 米,早实核桃 4～6 米。

（四）园地标准化整地

1.土壤准备

核桃树具有庞大的主根和分布较广的水平根，要求土层深厚、较肥沃、含水量较高的土壤。不论山地或平地栽植，均应提前进行土壤熟化和增加肥力的准备工作。土壤准备主要包括平整土地、修筑梯田及水土保持工程的建设等。在此基础上还要进行定点挖坑、深翻熟化改良土壤、增加有机质等各项工作。

在平整土地、修筑建筑梯田、建好水土保持工程的基础上，按预定的栽植设计，测量出核桃的栽植点，并按点挖栽植穴。栽植穴或栽植沟应于栽植前一年的秋季挖好，使心土有一定熟化的时间。栽植穴的深度和直径为1米以上。密植园可挖栽植沟，沟深与沟宽为1米。无论穴植或沟植，都应将表土与心土分开堆放。沙地栽植，应混合适量黏土或腐熟秸秆，以改良土壤结构；在黏重土壤或下层为砾石的土壤上栽植，应扩大定植穴，并采用客土、掺沙、增施有机肥、填充草皮土或表面土的方法来改良土壤；山岭地土层浅薄的果园，可定点或定线放"闷炮"的形式爆破，以增厚土层。定植穴挖好后，将表土、有机肥和化肥混合后进行回填，每定植穴施优质农家肥30～50千克，磷肥3～5千克，然后浇水压实。地下水位高或低湿地果园，应先降低水位，改善全园排水状况，再挖定植沟或定植穴。

2.肥料贮备

肥料是核桃生长发育良好的物质基础。特别是有机肥所含的营养比较全面,不仅含核桃生长所需的营养元素,而且含有激素、维生素、氨基酸、葡萄糖、DNA、RNA、酶等多种活性物质,可提高土壤腐殖质含量,增加土壤孔隙度,改善土壤结构,提高土壤的保水和保肥能力。在核桃栽植时,施入适量有机底肥,能有效促进核桃的生长发育,提高树体的抗逆性和适应性。如果同时加入适量的磷肥和氮肥作底肥,效果更显著。为此,在苗木定植前,应做好肥料的准备工作,可按每株 50～100 千克或每公顷 30～60 吨的数量准备有机肥,按每株 3～5 千克准备磷肥。如果以秸秆为底肥,应施入适量的氮肥。

(五)苗木定植

苗木准备:苗木质量直接关系到建园的成败。苗木要求品种准确,主根及侧根完整,无病虫害。国家 1988 年发布实施的苗木规格见表 10。苗木长途运输时应注意保湿,避免风吹、日晒、冻害及霉烂。

栽植时间:核桃的栽植时间分为春栽和秋栽两种。北方核桃以春栽为宜,特别是芽接苗,一定要在春天定植,时间在土壤解冻至发芽前。秋栽时,应注意幼树防寒。

表 10 　　　　　　　　　　　嫁接苗的质量等级

项　目	一　级	二　级
苗高(厘米)	大于 60	30～60
基径(厘米)	大于 1.2	1.0～1.2
主根长度(厘米)	大于 20	15～20
侧根数(条)	多于 15	多于 15

定植:栽植以前,将苗木的伤根、烂根剪除后,用泥浆蘸根,使根系吸足水分,以利成活。定植穴挖好以后,将表土和土粪混合填入坑底,然后将苗木放入,舒展根系,分层填土踏实,培土至与地面相平,全面踏实后,打出树盘,充分灌水,待水渗下后,用土封好。苗木栽植深度可略超过原苗木根径 5 厘米,栽后 7 天再灌水一次。

提高成活率的措施:挖大穴,保证苗木根系舒展;在灌溉困难的园地,树盘用地膜覆盖不仅可防旱保墒,而且可增加地温,促进根系再生恢复;防治病虫害,早春金龟子吃嫩叶、芽,故应特别注意。北方部分地区,可在越冬前 2～3 年的核桃枝条上涂抹动物油,有一定的防寒作用。

(六)定植后管理

为了保证苗木栽植成活,促进幼树生长,应加强栽后管理。管理内容主要包括施肥灌水、幼树防寒抽条、检查成活情况及苗木补植和幼树定干等。

1. 施肥灌水

栽植后两周应再灌一次透水,可提高栽植成活率。此后,如遇高温或干旱还应及时灌溉。栽植灌水后,也可地膜覆盖树盘,以减少土壤蒸发。在生长季,结合灌水,可追施适量化肥,前期以追施氮肥为主,后期以磷钾肥为主;也可进行叶面喷肥。

2. 幼树防抽条

我国华北和西北地区冬季干旱,气温较低,栽后 2～3 年的核桃幼树经常发生"抽条"现象,而且地理纬度越靠北,"抽条"越严重。

防止核桃幼树"抽条"的根本措施是提高树体自身的抗冻性和抗"抽条"能力。加强水肥管理,按照前促后控的原则,7 月份以前以施氮肥为主,7 月以后以磷肥为主,并适当控制灌水。在 8 月中旬以后,对正在生长的新梢进行多次摘心并开张角度或喷布 1 000～1 500 毫克/千克的多效唑,可有效控制枝条旺长,增加树体的营养贮藏和抗性。入冬前灌一次冬水,提高土壤的含水量,减少"抽条"的发生。及时防止大青叶蝉在枝干上产卵危害。

1～2 年生的幼树防抽条,最安全的方法是在土壤结冻前,将苗木弯倒全部埋入土中,覆土 30～40 厘米,第二年萌芽前再把幼树扶出扶直。不易弯倒的幼树,涂刷 10 倍聚乙烯醇胶液,也可树干绑秸秆、涂白,减少核桃枝条水分的损失,避免"抽条"发生。

3.检查成活情况及苗木补植

春季萌发展叶后,应及时检查苗木的成活情况,对未成活的植株,应及时补植同一品种的苗木。

4.幼树定干和其他管理

栽植已成活的幼树,如果够定干高度,要及时进行定干。定干高度要依据品种特性、栽培方式及土壤和环境等条件而确定,早实核桃的树冠较小,定干高度一般为1.0～1.2米;晚实核桃的树冠较大,定干高度一般为1.2～1.5米;有间作物时,定干高度为1.5～2.0米。栽植于山地或坡地的晚实核桃,由于土层较薄,肥力较差,定干高度可在1.0～1.2米。

为了促进幼树的生长发育,应及时进行人工除草,加强病虫防治及土壤管理等。

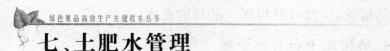

七、土肥水管理

(一)土壤管理

1.深翻改土

通过翻耕可使耕作层土壤熟化,同时,表土以下的淋溶层、淀积层的土壤结构也将得到改善,从而进一步提高保水和保温的能力。翻耕时,有些根系会被切断,但这有利于根系的更新和须根的增加。土壤翻耕分为深翻和浅翻两种。深翻是每年或隔年沿着大量须根分布区的边缘向外扩宽40～50厘米,深度为60厘米左右,挖成半圆形或圆形的沟。然后将上层土放在底层,底层土放在上面。深翻时间可在深秋初冬季节,结合施基肥进行,也可在夏季结合压绿肥进行,分层将积肥或绿肥埋入沟内。浅翻可在每年春、秋季进行1～2次,深度为20～30厘米。可在以树干为中心,半径为2～3米的范围内进行。有条件的地方可结合除草对全园进行浅翻。

（1）果园土壤的深翻熟化：

①深翻对土壤和树的作用：核桃树根系深入土层的深浅，与其生长结果有密切关系，决定根系分布深度的主要条件，是土层厚度和理化性状等。深翻结合施肥，可改善土壤结构和理化性状，促使土壤团粒结构形成。深翻可加深土壤耕作层，给根系生长创造良好条件，促使根系向纵深伸展，根类、根量均显著增加。深翻促进根系生长，是因深翻后土壤中水、肥、气、热得以改善所致，使树体健壮、新梢长、叶色浓，可提高产量。

②深翻时期：核桃园四季均可深翻，但应根据具体情况与要求因地制宜，适时进行，并采用相应的措施，才能收到良好效果。

秋季深翻：一般在果实采收前后结合秋施基肥进行。此时地上部生长较慢，养分开始积累；深翻后正值根系秋季生长高峰，伤口容易愈合，并可长出新根。如结合灌水，可使土粒与根系迅速密接，有利于根系生长。因此，秋季是核桃园深翻较好的时间。

春季深翻：应在解冻后及早进行。此时地上部尚处于休眠期，根系刚开始活动，生长较缓慢，但伤根容易愈合和再生。从土壤水分季节变化规律看，春季土壤化冻后，土壤水分向上移动，土质疏松，操作省工。北方多春旱，翻后需及时灌水。早春多风地区，蒸发量大，深翻过程中应及时覆盖根系，免受旱害。风大、干旱缺水和寒冷地区，不宜春翻。

夏季深翻：最好在根系前期生长高峰过后，北方雨季来临前后进行。深翻后，降雨可使土粒与根系密接，不至发生吊根或失水现象。夏季深翻伤根容易愈合。雨后深翻，可减少灌水，土壤松软，操作省工。但夏季深翻如果伤根过多，易引起落果，故一般结果多的大树不宜在夏季深翻。

冬季深翻：入冬后至土壤封冻前进行，操作时间较长，但要及时盖土以免冻根。如墒情不好，应及时灌水，使土壤下沉，防止冷风冻根。北方寒冷地区一般不进行冬翻。

③深翻深度：深翻深度以核桃树主要根系分布层稍深为度，并考虑土壤结构和土质。如山地土层薄，下部为半风化的岩石，或滩地在浅层有砾石层或黏土夹层，或土质较黏重等，深翻的深度一般要求达到80～100厘米。

④深翻方式：深翻方式较多，现将常用的几种介绍如下：

深翻扩穴：又叫放树窝子。幼树定植数年后，再逐年向外深翻扩大栽植穴，直至株行间全部翻遍为止，适合劳力较少的果园。但每次深翻范围小，需3～4次才能完成全园深翻。每次深翻可结合施有机肥料于沟底。

隔行深翻：即隔一行翻一行。山地和平地果园因栽植方式不同，深翻方式也有差别。等高撩壕的坡地果园和里高外低梯田果园，第一次先在下半行给以较浅的深翻施肥，下一次在上半行深翻把土压在下半行上，同时施有机肥料。这种深翻应与修整梯田等相结合。平地果园可随机隔行深翻,分两次完成。每次只伤一侧根系,对核桃生育的影响较小。行间深翻便于机械化操作。

全园深翻:将栽植穴以外的土壤一次深翻完毕。这种方法一次需劳力较多,但翻后便于平整土地,有利果园耕作。

上述几种深翻方式,应根据果园的具体情况灵活运用。一般小树根量较少,一次深翻伤根不多,对树体影响不大。成年树根系已布满全园,以采用隔行深翻为宜。深翻要结合灌水,也要注意排水。山地果园应根据坡度及面积大小等决定,以便于操作、有利于核桃生长为原则。

(2)培土(压土)与掺沙:这种改良土壤的方法,在我国南北方普遍采用,具有增厚土层、保护根系、增加营养、改良土壤结构等作用。

培土的方法是把土块均匀分布全园,经晾晒打碎,通过耕作把所培的土与原来的土逐步混合起来。培土量视植株大小、土源、劳力等条件而定。但一次培土不宜太厚,以免影响根系生长。

压土掺沙的时期,北方寒冷地区一般在晚秋初冬进行,可起保温防冻、积雪保墒的作用。压土掺沙后,土壤熟化、沉实,有利于核桃的生长发育。

压土厚度要适宜,过薄起不到压土作用,过厚对核桃生育不利,"沙压黏"或"黏压沙"时一定要薄一些,一般厚度为 5～10 厘米;压半风化石块可厚些,但不要超过 15 厘米。连续多年压土,土层过厚会抑制核桃根系呼吸,从而影响核桃生长发育,造成根颈腐烂,树势衰弱。所以,一般在果园压土或放淤时,为了防止对根系的不良影响,根颈应露出土面。

(3)盐碱地果园土壤改良:土壤的酸碱度可影响核桃根系生长。各种果树对酸碱度有一定的适应范围。核桃适应微碱性土壤,在含盐 0.25% 的盐碱地普通核桃根系生长不良,且易发生缺素症,树体易早衰,产量也低,即因含盐量大影响根系吸收。野核桃杂交种较耐盐碱,在含盐 0.4% 的盐碱地上仍可正常生长。因此,在盐碱地栽核桃树必须进行土壤改良,选择抗盐砧木类型。改良措施如下:

①设置排灌系统:改良盐碱地主要措施之一是引淡洗盐。在果园顺行间每隔 20～40 米挖一道排水沟,一般沟深 1 米,上宽 1.5 米,底宽 0.5～1.0 米。排水沟与较大较深的排水支渠及排水干渠相连,使盐碱能排除园外。园内能定期引淡水进行灌溉,达到灌水洗盐的目的。至达到要求含盐量(0.1%)后,应注意生长期灌水压碱、中耕、覆盖、排水,防止盐碱上升。

②深耕施有机肥:有机肥除含核桃树所需的营养物质外,并含有机酸,对碱能起中和作用。有机质可改良土壤理化性状,促进团粒结构的形成,提高土壤肥力,减少蒸发,防止返碱。

③地面覆盖:地面铺沙、盖草或其他物质,可防止盐碱上升。

④营造防护林和种植绿肥作物:防护林可降低风速,减少地面蒸发,防止土壤返碱。种植绿肥作物,除增加土壤有机质、改善土壤理化性状外,绿肥的枝叶覆盖地面,可减少土壤蒸发,抑制盐碱上升。实验证明,种田菁(较抗盐)一年在 0～30 厘米土层中,盐分可由 0.65％降到 0.36％,如果能结合排水洗碱,效果更好。

⑤勤中耕:中耕可以减少土壤蒸发,防止盐碱上升。此外,施用石膏等对碱土改良也有一定的作用。

⑥应用土壤结构改良剂改良土壤:近年不少国家已开始运用土壤结构改良剂提高土壤肥力。土壤结构改良剂分有机、无机以及无机－有机三种。这些物质可改良土壤理化性状及生物学活性,能保护根层,防止水土流失,提高土壤透水性,减少地面径流,固定流沙,加固渠壁,防止渗漏,调节土壤酸碱度等。

2. 中耕除草

中耕和除草是两项措施,但往往同时进行。中耕的主要目的在于清除杂草,以减少水分、养分的消耗。中耕次数应根据当地气候特点、杂草多少而定,在杂草出苗期和结子前进行除草效果较好,能消灭大量杂草,减少除草次数。

中耕的深度,一般 6～10 厘米,过深伤根,对核桃树生长不利,过浅起不到中耕应有的作用。

3. 生草栽培制

除树盘外,在核桃树行间播种禾本科、豆科等草种的土壤管理方法叫做生草法。生草法在土壤水分条件较好的果园,可以采用。选择优良草种,关键时期补充肥水,刈割覆于地面。在缺乏有机质、土层较深厚、水土易流失的果园,生草法是较好的土壤管理方法。

生草后土壤不进行耕锄,土壤管理较省工。生草可以减少土壤冲刷,遗留在土壤中的草根,增加了土壤有机质,改善土壤理化性状,使土壤能保持良好的团粒结构。在雨季草类用掉土壤中过多水分、养分,可促进果实成熟和枝条充实,提高果实品质。生草可提高核桃树对钾和磷的吸收,减少核桃缺钾、缺铁症的发生。

长期生草的果园易使表层土板结,影响通气;草根系强大,且在土壤上层分布密度大,截取渗透水分,并消耗表土层氮素,因而导致核桃根系上浮,与核桃争夺水肥的矛盾加大,要加以控制。果园采用生草法管理,可通过调节割草周期和增施矿质肥料等措施,如一年内割草 4～6次,每亩增施 5～10 千克硫酸铵,并酌情灌水,则可减轻与核桃争肥争水的弊病。

果园草种有三叶草、紫云英、黄豆、苕子、毛野豌豆、苦豆子、山绿豆、山扁豆、地丁、鸡眼草、草木樨、鹅冠草、酱草、黑麦草、野燕麦等。豆科和禾本科混合播种,对改良土壤有良好的作用。选用窄叶草可节省水分，一般在年降雨量 500 毫米以上且分布不十分集中的地区，即可试种。在生草管理中，当出现有害草种时，需翻耕重播。

4. 浅耕——覆盖作物制

在核桃需肥水最多的生长前期保持清耕，后期或雨季种植覆盖作物，待覆盖作物成长后，适时翻入土壤中作绿肥，这种方法称为清耕覆盖法。它是一种比较好的土壤管理办法，兼有清耕法与生草法的优点，同时减轻了两者的缺点。如前期清耕可熟化土壤，保蓄水分、养分，供给核桃需要，具有清耕法管理土壤的优点；后期播种间作物，可吸收利用土壤中过多的水肥，有利于果实成熟，提高品质，并可以防止水土流失，增加有机质，则具有生草法的某些优点。

5. 覆盖制

覆盖制是指在树冠下或稍远处覆以杂草、秸秆等。一般覆草厚度约 10 厘米，覆后逐年腐烂减少，要不断补充新草。平地或山地果园均可采用。

地膜覆盖是作物土壤管理的一项技术，经济效益也较明显。

6. 间作制

幼龄园核桃树间空地较多，可间作。间作可形成生物群体，群体间可互相依存，还可改善微区小气候，有利幼树生长，并可增加收入，提高土地利用率。合理间作既充分利用光能,又可增加土壤有机质,改良土壤理化性状。如间作大豆,除收获豆实外,遗留在土壤中的根、叶,每亩地可增加有机质约 17.5 千克。利用间作物覆盖地面,可抑制杂草生长,减少水分蒸发和水土流失,还有防风固沙作用,缩小地面温变幅度,改善生态条件,有利于核桃的生长发育。

在不影响核桃树的生长发育前提下,可种植间作物。种植间作物,应加强树盘肥水管理。尤其是在作物与核桃竞争养分剧烈的时期,要及时施肥灌水。间作物要与核桃保持一定距离,尤其是播种多年生牧草,更应注意。因多年生牧草根系强大,应避免其根系与核桃根系交叉,加剧争肥争水的矛盾。间作物植株矮小,生育期较短,适应性强,与核桃需水临界期最好能错开。在北方没有灌溉条件的果园,耗水量多的宽叶作物(如大豆)可适当推迟播种期。间作物与核桃没有共同病虫害,比较耐阴和收获较早等。

为了避免间作物连作带来的不良影响,需根据各地具体条件制定间作物的轮作制度。轮作制度因地而异,以选中耕作物轮作较好。

7. 免耕制

又叫最少耕作法。主要利用除草剂防除杂草,土壤不进行耕作。这种方法具有保持土壤自然结构,节省劳动力,降低成本等优点。免耕法管理的土壤容重、孔隙度、有机质、酸碱度以及根系分布等都发生显著的变化。免耕法地表容易形成一层硬壳,这层硬壳在干旱气候条件下变成龟裂块,在湿润条件下长一层青苔。但在表面形成的硬壳并不向深层发展,故免耕法果园能维系土壤自然结构。由于作物根系伸入土壤表层以及土壤生物的活动,可逐步改善土壤结构。随土壤容重的增加,非毛细管孔隙减少,但土壤中可形成比较连续而持久的孔隙网,所以通气性较耕作土壤为好。且土壤动物孔道不被破坏,故水分渗透常有所改善,土壤保水能力也很强。

免耕法果园无杂草,减少水分消耗。土壤中有机质含量比耕作区高,比生草法低。免耕法表层土壤结构坚实,便于果园各项操作及果园机械化。

从长远看,免耕法比清耕法土壤结构好。随着杂草种子密度的减少,除草剂的使用量也随之减少,土壤管理成本降低。但以土层深厚、土质较好的果园采用较好,尤以在潮湿地区刈草与耕作均存在一定困难,应用除草剂除草较为有利。核桃幼树对除草剂敏感,使用除草剂时要特别注意。

8. 水土保持

山地或丘陵地易发生水土流失,为保证核桃树健壮生长,必须防止水土流失。山区梯田种植的核桃树,要注意修整梯田壁,培好堰埂,加高坝堰,充分发挥其蓄水保土的作用。栽植在沟谷和坡地上的核桃树,应修鱼鳞坑、垒石堰、栽树种草。

(二)施肥

1. 施肥时期

基肥的施入时期可在春、秋两季进行,最好在采收后到落叶前施入基肥,此时土温较高,不但有利于伤根愈合和新根形成与生长,而且有利于有机肥料的分解和吸收,对提高树体营养水平、促进翌年花芽分化和生长发育均有明显效果。

追肥一般每年进行 2～3 次,第 1 次在核桃开花前或展叶初期进行,以速效氮为主。主要作用是促进开花坐果和新梢生长。追肥量应占全年追肥量的 50%。第 2 次在幼果发育期(6 月),仍以速效氮为主,盛果期树也可追施氮、磷、钾复合肥料。此期追肥主要作用是促进果实发育,减少落果,促进新梢的生长和木质化程度的提高以及花芽分化,追肥量占全年追肥量的 30%。第 3 次在坚果硬核期(7 月),以氮、磷、钾复合肥为主,主要作用是供给核桃仁发育所需的养分,保证坚果充实饱满。此期追肥量占全年追肥量的 20%。

2. 肥料种类及选择

施肥种类有基肥和追肥两种。基肥一般为经过腐熟的有机肥料,如厩肥、堆肥等,能够在较长时间内持续供给树体生长发育所需要的养分,并能在一定程度上改良土壤性质。追肥以速效性无机肥料为主,根据树体需要,在生长期中施入,以补充基肥的不足。其主要作用是满足某一生长阶段核桃对养分的大量需求。

(1)有机肥料:有机肥料也称农家肥料,大都是完全肥料,它不但具有核桃生长发育所必需的各种元素,而且还含有丰富的有机质。有机肥料分解慢,肥效长,养分不易流失。有机肥料含有丰富的有机质,施入土壤后能改善核桃的二氧化碳营养情况,调节土壤微生物活动。

有机肥料种类繁多,来源广,数量大,如厩肥、粪肥、饼肥、堆肥、泥土肥、熏肥、绿肥等,其中以猪圈肥、人粪尿、堆沤肥、绿肥为多。

(2)无机肥料:无机肥又称矿质肥,是由矿藏的开采、加工或者由工厂直接合成生产的,也有一些属于工业的副产物。无机肥料多具有以下特性:①养分含量较高,便于运输、贮藏和施用,施用量少,肥效显著。②营养成分比较单一,一般仅含一种或几种主要营养元素。施一种无机肥料会发生植物营养不平衡,产生"偏食"现象,应配合其他无机肥料或有机肥料施用。③肥效迅速,一般 3~5 天即可见效,但后效短。无机肥料多为水溶性或弱酸溶性,施用后很快转入土壤溶液,可直接被植物吸收利用,但也易造成流失。

(3)绿肥:将绿色植物的青嫩部分,经过刈割或直接翻入土中作肥料的,均称为绿肥。绿肥产量高,每亩可产鲜物质 1 000~2 000 千克;组织幼嫩,磷氮值比较小,分解快,肥效显著;根系吸收能力强,可吸收利用难溶性矿物质。一些绿肥植物如沙打旺根系发达,穿透力强,在根系残体转化时能聚集多糖和腐殖质,可改善土壤结构。豆科绿肥植物具有根瘤,可以固定大气中的氮,每年每亩增加 2.0～7.5 千克氮素,有时高达 11 千克。绿肥植物可以吸收保存苗木或幼树多余的速效营养,以避免淋失。绿肥植物还有遮阳、固沙、保土、防止杂草生长以及提供饲料等作用。

3. 施肥量的确定

核桃树为多年生树,每年的生长和结实需要从土壤中吸收大量的营养元素。特别是幼树,发育的好坏直接影响盛果期的产量,因此,更应保证足够的养分供应。

确定施肥量的主要依据是土壤的肥力水平、核桃生长状况以及不同时期核桃对养分的需求变化等。一般幼树需氮较多,对磷、钾肥的需求量较少。进入结果期后,对磷、钾肥的需求量增加。所以,幼树以施氮肥为主,成年树在施氮肥的同时,注意增施磷、钾肥。幼树的具体施肥量可参照以下标准:晚实核桃类,中等土壤肥力水平,按树冠垂直投影面积(或冠幅面积)每平方米计算,在结果前的 1～5 年间,年施肥量(有效成分)为氮肥 50 克,磷、钾肥各 10 克。进入结果期以后,第 6～10 年内,每平方米年施氮肥 50 克,磷、钾肥各 20 克,农家肥 5 千克。早实核桃一般从第 2 年开始结果,为确保营养生长与产量的同步增长,施肥量应高于晚实核桃。根据近年来早实核桃密植丰产园的施肥经验,初步提出1～10年生树每平方米冠幅面积年施肥量为:氮肥50克,磷、钾肥各20克,有机肥5千克。成年树的施肥量可根据具体情况,并参照幼年树的施肥量决定,注意适当增加有机肥和磷、钾肥的用量(表11)。

表11　　　　　　　　核桃树施肥量标准

时期	树龄(年)	每株树平均施肥量(有效成分)(克)			有机肥(千克)
		氮	磷	钾	
幼树期	1～3	50	20	20	5
	4～6	100	40	50	5
结果初期	7～10	200	100	100	10
	11～15	400	200	200	20
盛果期限	16～20	600	400	400	30
	21～30	800	600	600	40
	>30	1 200	1 000	1 000	>50

4.施肥方法(基肥、追肥、叶肥的施用方法)

(1)辐射状施肥:以树干为中心,距树干1.0～1.5米处,沿水平根方向,向外挖4～6条辐射状施肥沟,沟宽40～50厘米,沟深30～40厘米,沟由里到外逐渐加深,沟长随树冠大小而定,一般为1～2米。肥料均匀施入沟内,埋好即可。施基肥要深,施追肥可浅些。每次施肥,应错开开沟位置,扩大施肥面。此法对五年生以上幼树较常用。

（2）环状施肥：沿树冠边缘挖环状沟，沟宽 40～50 厘米，沟深 30～40 厘米。此法易挖断水平根，且施肥范围小，适用于四年生以下的幼树。

（3）穴状施肥：多用于施追肥。以树干为中心，从树冠半径的 1/2 处开始，挖成若干个小穴，穴的分布要均匀，将肥料施入穴中埋好即可。亦可在树冠边缘至树冠半径 1/2 处的施肥圈内，在各个方位挖成若干不规则的施肥小穴，施入肥料后埋土。

（4）条状沟施：在树冠外沿相对两侧开沟，沟宽 40～50 厘米，沟深 30～40 厘米，沟长随树冠大小而定。第二年的挖沟位置可调换到另两侧。此法适用于幼树或成年树。

（5）全园撒施：以上五种方法，施肥后均应立即灌水，以增加肥效。若无灌溉条件，应做好保水措施。

（6）根外追肥：特别是在树体出现缺素症时，或为了补充某些容易被土壤固定的元素，通过根外追肥可以收到良好的效果，对缺水少肥地区尤为实用。叶面追肥的种类和浓度，尿素 0.3%～0.5%，过磷酸钙 0.5%～1.0%，硫酸钾 0.2%～0.3%，硼酸 0.1%～0.2%，硫酸铜 0.3%～0.5%。总的原则是，生长前期应施稀肥，后期可施浓肥。喷肥应在上午 10 点以前和下午 3 点以后进行，阴雨或大风天气不宜喷肥。注意叶面喷肥不能代替土壤施肥，二者结合才能取得良好效果。实际应用时，尤其在混用农药时，应先做小规模试验，以避免发生药害造成损失。

5. 营养诊断及配方施肥

所谓核桃的营养诊断，就是根据树体和土壤的营养状况进行化学或形态分析，据此判断核桃营养盈亏状况，从而指导施肥。

核桃的营养状况直接关系到核桃树体发育和生长结果，要使核桃健壮起来，适时结果，丰产优质，必须保证适当的营养状况。在实际生产中，常常见到核桃树体缺乏某种或数种营养元素，出现缺素症，如缺铁失绿症、缺锌小叶症等；相反，有时由于某些元素过多，导致树体发育不良，如锰元素过多会引起树皮疱疹、氯过多会引起盐害等。这说明核桃树体营养并不是越多越好，而是要求各营养元素在核桃树体中保持一定的生理平衡。因此，要根据树体和土壤的营养实际情况，有目的地施肥。

(1)形态诊断：即通过树体外观表现，对核桃的营养状况进行客观判断，指导施肥。形态诊断是一种简便易行的方法。由于核桃缺乏某种元素，一般会在形态上表现出来，即所谓缺素症，由于这种症状与内在营养失调有密切联系，因而是形态诊断的依据。

①核桃缺铜的症状：铜是叶绿体中质体蓝素的组成部分，它对光合作用有重要影响。核桃缺铜，初期叶片呈暗绿色，后期发生斑点状失绿，叶边缘焦枯，好像被烧伤，

111

有时出现与叶边平行的橙褐色条纹,严重缺铜时枝条出现弯曲。

核桃缺铜常发生在碱性土、石灰性土和沙质土地区,大量施用氮肥和磷肥可能引起核桃缺铜。生产上施用铜肥或叶面喷波尔多液等方法都能防治或兼治缺铜症。花后 6 月底以前喷 0.05％硫酸铜溶液效果也佳。

②核桃缺钼的症状:核桃缺钼首先表现在老叶上,最初在叶脉间出现黄绿色或橙色斑点,而后分布在全部叶片上。与缺氮不同的是只在叶脉间失绿,而不是全叶变黄,以后叶片边缘卷曲、干萎,最后坏死。

施用钼肥,如钼酸铵或钼酸钠可防治核桃缺钼。花后喷 0.3％～0.6％钼酸铵溶液 1～3 次亦有效。

③核桃缺氮或氮元素过量的症状:核桃轻度缺氮时叶色呈黄绿色,严重缺氮时为黄色,叶片较早停止生长,叶片显著变小。树体内氮素同化物有高度的移动性,能从老叶转移到嫩叶。所以严重缺氮时,新梢基部老叶逐渐失绿变为黄色,并不断向新梢顶端发展,使新梢嫩叶也变为黄色,同时新生的叶片叶形变小,叶柄与枝条成钝角,枝条细长而硬,皮色呈淡红褐色。

核桃氮素过量时,新梢生长旺盛甚至徒长,叶片大而薄,不易脱落,新梢停止生长延迟,营养积累差,不能充分进行花芽分化,枝条组织成熟差,抗旱力减弱。

④核桃缺磷或磷过量的症状:核桃对磷的需要量比氮、钾少,虽然核桃缺磷不像缺氮在形态上表现那么明

显，但树体内的各种代谢过程都会受到不同程度的抑制。核桃缺磷时，叶色呈暗绿色，如同氮肥施用过多，新梢生长很慢，新生叶片较小，枝条明显变细，而且分枝少。观察可以发现，叶柄及叶背的叶脉呈紫红色，叶柄与枝条成钝角。根系发育不良，矮化。

磷过量也会对核桃产生一些不良影响，虽然磷素过多不如氮素过多那样能够较快较大程度地影响核桃生长，但会增强核桃的呼吸作用，消耗大量糖分，从而使茎、叶生长受到抑制。另外，磷素过多时，水溶性磷酸盐可与土壤中锌、铁、镁等元素生成溶解度较小的化合物，从而降低其有效性，使核桃表现出缺锌、缺铁、缺镁等症状。

⑤核桃缺钾的症状：核桃体内钾的流动性很强，因此，核桃缺钾素表现在生长中期以后。轻度缺钾与轻度缺氮的症状相似，叶片呈黄绿色，枝条细长呈深黄色或红黄色。严重缺钾时，新梢中部或下部老龄叶片边缘附近出现暗紫色病变，夏季几小时即枯焦，使叶片出现焦边现象，而后病变为茶褐色，使叶片皱缩卷曲。

（2）叶片分析诊断：叶片分析诊断通常是在形态诊断的基础上进行。特别是某种元素缺乏而未表现出典型症状时，须再用叶片分析方法进一步确诊。一般说，叶片分析的结果是核桃营养状况最直接的反应，诊断结果准确可靠。叶片分析方法是用植株叶片元素的含量与事先经过试验研究拟定的临界含量或指标（即核桃叶片各种元素含量标准值）相比较，用以确定某些元素的缺乏或

113

失调。

①样品的采集:进行叶片分析需采集分析样品,对于核桃树取带叶柄的叶片。核桃树取新梢具有5~7个复叶的枝条中部复叶的一对小叶。取样时要照顾到树冠四周方位。取样的时间,核桃树在盛花后6~8周取样。取样数量,混合小叶样不少于100片。

②样品的处理:采集的样品装在塑料袋中,放在冰壶内迅速带回实验室。取回的样品用洗涤液立即洗涤。洗涤液配法是用洗涤剂或洗衣粉配成0.1%的水溶液。取一块脱脂棉用竹镊子夹住轻轻擦洗,动作要快,洗几片拿几片,不要全部倒在水中,叶柄顶端最好不要浸在水中,以免养分淋失。如果叶片上有农药或肥料,应在洗涤剂中加入盐酸,配成0.1当量的盐酸洗涤剂溶液进行洗涤;也可先用洗涤剂洗涤,然后用0.1当量的盐酸洗。从洗涤剂中取出的叶片,立即用清水冲掉洗涤剂。

取相互比较的样品时,要从品种、砧木、树龄、树势、生长量等立地条件相对一致的树上取样,不取有病虫害或破损不正常的叶片;取到的样品要按田间编号、样品号、样品名称、取样地点、取样日期和取样部位等填写标签。

(3)施肥诊断:在形态诊断和叶片分析诊断的基础上,最后确诊可用施肥诊断的方法,即设置施肥处理和不施肥处理。经过一段时间观察,如果缺素症状消失,表明诊断正确。

6.把好安全施肥关

核桃园施肥,应根据核桃树体本身营养吸收和利用规律,有针对性地进行配方施肥、营养诊断施肥,合理施用化肥,加强对土杂肥、粪肥等有机肥的施用。核桃的正常生长发育,不仅需要维持树体从土壤中吸收肥料与施入肥料和土壤能够供应肥料之间的平衡,而且还维持 N、P、K、Ca、Mn、Cu、Zn、B 等多种营养元素之间的平衡。维持或调节这些元素之间的比例,使之达到一个良好的动态平衡,减少盲目施肥造成的浪费和危害。

(三)浇灌

1.灌水方式及相应设施建设

根据输水方式,果园灌溉可分为地面灌溉、地下灌溉、喷灌和滴灌。目前大部分果园仍采用地面灌溉,干旱山区多数为穴灌或沟灌,少数果园用喷灌、滴灌,个别用地下管道渗灌。

(1)地面灌溉:最常用的是漫灌法。在水源充足,靠近河流、水库、塘坝、机井的果园,在园边或几行树间修筑较高的畦埂,通过明沟把水引入果园。地面灌溉灌水量大,湿润程度不匀。这种方法灌水过多,加剧了土壤中的水、气矛盾,对土壤结构也有破坏作用。在低洼及盐碱地,还有抬高地下水位、使土壤返碱的弊端。

与漫灌近似的是畦灌,以单株或一行树为单位筑畦,通过多级水沟把水引入树盘进行灌溉。畦灌用水量较少，也比较好管理，有漫灌的缺点，只是程度较轻。在山区梯田、坡地，树盘灌溉普遍采用。

穴灌是节水灌溉。即根据树冠大小，在树冠投影范围内开 6～8 个直径 25～30 厘米、深 20～30 厘米的穴，将水注入穴中，待水渗后埋土保墒。在灌过水的穴上覆盖地膜或杂草，保墒效果更好。

沟灌，是地面灌溉中较好的方法。即在核桃行间开沟，把水引入沟中，靠渗透湿润根际土壤。节省灌溉用水，又不破坏土壤结构。灌水沟的多少以栽植密度而定，在稀植条件下，每隔 1～1.5 米开一条沟，宽 50 厘米、深 30 厘米左右。密植园可在两行树之间只开一条沟。灌水后平沟整地。

（2）地下灌溉（管道灌溉）：借助于地下管道，把水引入深层土壤，通过毛管作用逐渐湿润根系周围。用水经济，节省土地，不影响地面耕作。整个管道系统包括水塔（水池）、控水枢纽、干管、支管和毛管。各级管道在园中交织成网状排列，管道埋于地下 50 厘米处。通过干管、支管把水引入果园，毛管铺设在行间或株间，管上每隔一段距离留有出水小孔（或其他新材料渗透水）。灌溉时水从小孔渗出湿润土壤。控水枢纽处设有严密的过滤装置，防止泥沙、杂物进入管道。山地果园可把供水池建在高处，依靠自压灌溉；平地果园则需修建水塔，通过机械扬水加压。

针对干旱缺水的山区，可使用果树皿灌器。以红黏土为主，配合适量的褐、黄、黑土及耐高温的特异土，烧成三层复合结构的陶罐。罐的口径及底径均为 20 厘米，胸径及高皆为 35 厘米，壁厚 0.8～1.0 厘米，容水量约 20 千克。应用时将陶罐埋于果树根系集中分布区，两罐之间相距 2 米。罐口略低于地平面，注水后用塑膜封口。一般情况下，每年 4 月上旬、5 月上旬、5 月末 6 月初及 7 月末 8 月初各灌水一次，共 4 次。陶罐渗灌可改良土壤理化性状，有利于果树生长结果。在水中加入微量元素（铁、锌等），还能防治缺素症。适合在山地、丘陵及水源紧缺的果园推广。

（3）喷灌：整个喷灌系统包括水源、进水管、水泵站、输水管道、竖管和喷头几部分。应用时可根据土壤质地、湿润程度、风力大小等调节压力、选用喷头及确定喷灌强度，以便达到无渗漏、径流损失，又不破坏土壤结构，同时能均匀湿润土壤的目的。喷灌节约用水，用水量是地面灌溉的 1/4，保护土壤结构；调节果园小气候，清洁叶面，霜冻时还可减轻冻害；炎夏喷灌可降低叶温、气温和土温，防止高温、日灼伤害。

（4）滴灌：整个系统包括控制设备（水泵、水表、压力表、过滤器、混肥罐等）、干管、支管、毛管和滴头。具有一定压力的水，从水源经严格过滤后流入干管和支管，把水输送到果树行间，围绕树株的毛管与支管连接，毛管上安有 4～6 个滴头（滴头流量一般为 2～4 升/小时）。水通过滴头源源不断地滴入土壤,使果树根系分布层的土壤一直保持最适宜的湿度状态。滴灌是一种用水经济、省工、省力的灌溉方法,特别适用于缺少水源的干旱山区及沙地。应用滴灌比喷灌节水 36%～50%,比漫灌节水 80%～92%。由于供水均匀、持久,根系周围环境稳定,十分有利于果树的生长发育。但滴头易发生堵塞,更换及维修困难。昼夜不停地使用滴灌时,使土壤水分过饱和,易造成湿害。滴灌时间应掌握湿润根系集中分布层为度。滴灌间隔期应以核桃生育进程的需求而定。通常,在不出现萎蔫现象时,无需过频灌水。

2. 灌水时期及灌水量

(1)灌溉时期:确定果园的灌溉时期,一要根据土壤含水量,二要根据核桃物候期及需水特点。依物候期灌溉,主要是春季萌芽前后、坐果后及采收后 3 次。除物候指标外,还参考土壤实际含水量而确定灌溉期。一般生长期要求土壤含水量低于 60%时灌溉;当超过 80%时,则需及时中耕散湿或开沟排水。具体实施灌溉时,要分析当时、当地的降水状况、核桃的生育时期和生长发育状况。灌溉还应结合施肥进行。核桃应灌顶凌水和促萌水,并在硬核期、种仁充实期及封冻前灌水。

(2)灌水量:合理的灌水量确定,一要根据树体本身的需要,二要看土壤湿度状况,同时要考虑土壤的保水能力及需要湿润的土层深度。王仲春等以苹果为试材,测定了不同土壤种类在水分当量（土壤中的水分含量下降到不能移动时的含水量）附近时的灌水量。生产中可根据对土壤含水量的测定结果，或手测、目测的验墒经验，判断是否需要灌水，其灌水量可参考表 12。

表 12　不同土壤种类在水分当量附近时的亩灌水量

土类	最低含水量*		理想含水量**	
	吨	相当于降水（毫米）	吨	相当于降水（毫米）
细沙土	18.8	29	81.6	126
沙壤土	24.8	39	81.6	125
壤土	22.1	34	83.6	129
黏壤土	19.4	30	84.2	130
黏土	18.1	28	88.8	137

　　每次灌水以湿润主要根系分布层的土壤为宜，不宜过大或过小，既不造成渗漏浪费，又能使主要根系分布范围内有适宜的含水量和必要的空气。具体计算一次的灌水用量时，要根据气候、土壤类型、树种、树龄及灌溉方式确定。核桃树的根系较深，需湿润较深的土层，在同样立地条件下用水量要大。成龄核桃树需水多，灌水量宜大；幼树和旺树可少灌或不灌。沙地漏水，灌溉宜少量多次；黏土保水力强，可一次适当多灌，加强保墒而减少灌溉次数。盐碱地灌水，注意不要接上地下水。

　　在一定土壤条件下，计算一次的灌水量可按下列公式，即

　　灌水量（吨）＝灌溉面积（米 2）×土壤浸湿深度（米）×

土壤容重×(田间持水量-灌溉前土壤湿度)

例如:某果园为沙壤土,田间持水量为 36.7％,容重为 1.62,灌溉前根系分布层的土壤湿度为 15％,欲浸湿 60 厘米土层,那么每亩果园灌水量应该是 14.06 吨[666.6 米 2×0.6 米×162×(0.367-0.15)=14.06 吨]。

3.节水灌溉方式与节水途径

(1)喷灌:喷灌是把灌溉水喷到空中,成为细小水滴再浇到地面,像降雨一样。目前世界各国在农业生产上已经越来越多地采用喷灌法。喷灌的优点:基本不产生深层渗透和地表径流,可以节约用水,一般可以节约用水 20％以上,对渗透性强、保水性差的沙土,可节水 60％～70％;可以减少对土壤结构的破坏,保持原有土壤的疏松状态;可以调节果园小气候,减免低温、高温、干热风对核桃的危害,使之对植物产生最适宜的生理作用,从而提高果品产量;节省劳力,工作效率提高,便于机械化作业,如施用化肥、喷农药和除草剂等;对土地的平整度要求不高,地形复杂的山地亦可采用。喷灌也有缺点,它可能会增加某些果树感染白粉病和其他真菌病害;在有风情况下,喷灌水往往不够均匀,一般风速在 3.5 米/秒以上时,喷灌就很不均匀,水量损失大。

(2)滴灌:滴灌是近年来发展起来的先进灌水技术,是以水滴或细小水流缓慢施于植物根域的灌水方法。滴灌仅湿润作物根部附近的土层和表土,因此,能够节约用水,大大减少了水分蒸发。滴灌比喷灌省水一半左右。在气温越高越干旱的地区,滴灌的省水效益越显著。滴灌能经常对根域土壤供水,均匀地维持土壤湿润,使土壤不过分潮湿也不过分干燥,同时可以保持根域土壤通气良好;滴灌结合施肥,则能不断地供给根系养分;对盐碱地采用滴灌,还能稀释根层盐液。因此,滴灌可以为核桃创造最适宜的土壤水分、养分和通气条件,促进核桃生长发育,从而提高果品产量。滴灌操作方便,滴灌系统可以全部自动化,将劳动力减少至最低限度。滴灌适用于各种丘陵地和山地。滴灌的主要缺点是需用管材较多,投资较大,管道和滴头容易堵塞,严格要求良好的过滤设备;滴灌不能调节小气候,不适宜冻结期间应用。

4. 蓄水保墒方法

土壤含水量适宜且稳定,可以促进各种矿物质的均匀转化和吸收,提高肥效。实行穴施肥水、地膜覆盖,是保持土壤含水量、充分利用水源、提高肥效的有效措施。

在瘠薄干旱的山地果园,地膜覆盖与穴贮肥水相结合效果很好。在树盘根系集中分布区挖深 40～50 厘米、直径 40 厘米的穴,将优质有机肥约 50 千克与穴土拌和填入穴中。也可填入一个浸过尿液的草把,浇水后盖上地膜,地膜中心戳一个小洞,用石板盖住,可于洞口灌入肥水(30 千克左右),水深入穴中再封严。施肥穴每隔1～2 年变动一次位置。

覆盖地膜后,大大减少地面水分蒸发消耗,使土壤形成一个长期稳定的水分环境,有利于微生物活动和肥料的分解利用,起到以水济肥的作用。

　　5.防渍排水

　　果园排水系统由小区内的排水沟、小区边缘的排水支沟和排水干沟三部分组成。

　　排水沟挖在果园行间,把地里的水排到排水支沟中去。排水沟的大小、坡降以及沟与沟之间的距离,要根据地下水位的高低、雨季降雨量的多少而定。

　　排水支沟位于果园小区的边缘,主要作用是把排水沟中的水排到排水干沟中去。排水支沟要比排水沟略深,沟的宽度可以根据小区面积大小而定,小区面积大的可适当宽些,小区面积小的可以窄些。

　　排水干沟挖在果园边缘,与排水支沟、自然河沟连通,把水排出果园。排水干沟比排水支沟要宽些、深些。

　　有泉水的涝洼地,或上一层梯田渗水汇集到果园而形成的涝洼地,可以在涝洼地的上方开一条截水沟,将水排出果园。也可以在涝洼地里面用石砌一条排水暗沟,使水由地下排出果园。对于因树盘低洼而积涝的,则结合土壤管理,在整地时加高树盘土壤,使之稍高出地面,以解除树盘低洼积涝。

八、整形修剪

（一）整形修剪的意义、依据和原则

1.调节核桃树体与环境间的关系

整形修剪可调整核桃树个体与群体结构，提高光能利用率，创造较好的微域气候条件，更有效地利用空间。良好的群体和树冠结构，还有利于通风、调节温度、湿度和便于操作。

提高有效叶面积指数和改善光照条件，是核桃树整形应遵循的原则，必须双方兼顾。只顾前者，往往影响品质，进一步也影响产量；只顾后者，则往往影响产量。

增加叶面积指数，主要是多留枝，增加叶丛枝比例，改善群体和树冠结构。改善光照主要控制叶幕，改善群体和树冠结构，其中通过合理整形，可协调两者的矛盾。

稀植时，整形主要考虑个体的发展，重视快速利用空间，树冠结构合理及其各局部势力均衡，尽量做到：扩大树冠快,枝量多,先密后稀,层次分明,骨干开展,势力均衡。密植时,整形主要考虑群体发展,注意调节群体的叶幕结构,解决群体与个体的矛盾;尽量做到个体服从群体,树冠要矮,骨干要少,控制树冠,通风透光,先"促"后"控",以结果来控制树冠。

2. 调节树体各局部的均衡关系

(1)利用地上部与地下部动态平衡规律调节核桃树的整体生长:核桃树地上部与地下部是相互依赖、相互制约的,二者保持动态平衡。任何一方的增强或减弱,都会影响另一方的强弱。修剪就是有目的地调整两者的均衡,以建立有利的新的平衡关系。但具体反应,受到接穗和砧木生长势的强弱、贮藏养分的多少、剪留枝芽或根的质量、新梢生长对根系生长的抑制作用以及环境和栽培措施如土壤湿度和激素应用等的制约而有变化。

对生长旺盛、花芽较少的树,修剪虽然促进局部生长,但由于剪去了一部分器官并减少了同化养分,一般会抑制全树生长,使全树总生长量减少,这就是通常所称修剪的二重作用。但是,对花芽多的成年树,由于修剪剪去部分花芽和更新复壮等的作用,反而会比不修剪的增加总生长量,促进全树生长。

修剪在利用地上地下动态平衡规律方面,还应依修剪的时期和修剪方法为转移。如在年周期中树体内贮藏养分最少的时期进行树冠修剪,则修剪愈重,叶面积损失愈大,根的饥饿愈重,新梢生长反而削弱,对整体,对局部都产生抑制效应。如核桃春季过晚修剪,抽枝展叶后修剪,则因养分消耗多,又无叶片同化产物回流,致使根系严重饥饿,往往造成树势衰弱。对于生长旺盛的树,如通过合理摘心,全树总枝梢生长量和叶面积也有可能增长。

由此看来,修剪利用地上地下部平衡规律所产生的效应随树势、物候期和修剪方法、部位等不同而改变,有可能局部促进,整体抑制;此处促进,彼处抑制;此时加强,彼时削弱,必须具体分析,灵活应用。

(2)调节营养器官与生殖器官的均衡:生长与结果这一基本矛盾,在核桃树一生中同时存在,贯穿始终。可通过修剪进行调节,使双方达到相对均衡,为高产稳产优质创造条件。调节时,首先,要保证有足够数量的优质营养器官。其次,要使其能产生一定数量的花果,并与营养器官的数量相适应,如花芽过多,必须疏剪花芽和疏花疏果,促进根叶生长,维持两类器官的均衡。第三,要着眼于各器官各部分的相对独立性,使一部分枝梢生长,一部分枝梢结果,每年交替,相互转化,使两者达到相对均衡。

(3)调节同类器官间的均衡:一株核桃树上同类器官之间也存在着矛盾,需要通过修剪加以调节,以有利于生长结果。用修剪调节时,要注意器官的数量、质量和类型。有的要抑强扶弱,使生长适中,有利于结果;有的要选优去劣,集中营养供应,提高器官质量。对于枝条,既要保证有一定的数量,又要搭配和调节长、中、短各类枝的比例和部位。对徒长旺枝要去除一部分,以缓和竞争,使多数枝条健壮以利生长和结果。再如结果枝和花芽的数量少时,应尽量保留;雄花数量过多,选优去劣,减少消耗,集中营养,保证留下的生长良好。

3.调节树体的营养状况

调整树体叶面积,改善光照条件,影响光合产量,从而改变了树体营养制造状况和营养水平。

调节地上部与地下部的平衡,影响根系的生长,从而影响无机营养的吸收与有机营养的分配状况。

调节营养器官和生殖器官的数量、比例和类型,从而影响树体的营养积累和代谢状况。

控制无效枝叶和调整花果数量,减少营养的无效消耗。

调节枝条角度、器官数量、输导通路、生长中心等,定向地运转和分配营养物质。

核桃树修剪后树体内水分、养分的变化很明显。修剪可以提高枝条的含氮量及水分含量。修剪程度不同,其含量变化有所区别。但是,在新梢发芽和伸长期修剪对新梢内碳水化合物含量的影响和对含氮及含水量相反,随修剪程度加重而有减少的趋势。

自然环境和当地条件对核桃的生长有较大的影响。在多雨多湿的地带,果园的光照和通风条件较差,树势容易偏旺,应适当控制树冠的体积,栽植密度应适当小一些,留枝密度也应适当减小;在干燥少雨的地带,果园光照充足,通风较好,则核桃可栽得密一些,留枝也可适当多一些;在土壤瘠薄的山地、丘陵地和沙地,核桃的生长发育往往受到限制,树势一般表现较弱,整形应采用小冠型,主干可矮一些,主枝数目相对多一些,层次要少,层间距要小,修剪应稍重,多短截,少疏枝;在土壤肥沃、地势平坦、灌水条件好的果园,核桃往往容易旺长,整形修剪可采用大冠型,主干要高一些,主枝数目适当减少,层间距要适当加大,修剪要轻;风害较重的地区,应选用小冠型,降低主干高度,留枝量应适当减小;易遭霜冻的地方,冬剪时应多留花芽,待花前复剪时再调整花量。

4. 品种和生物学特性

萌芽力弱的品种,抽生中短枝少,进入结果期晚,幼树修剪时应多采用缓放和轻短截;成枝力弱的品种,扩展树冠较慢,应多短截,少疏枝;以中、长果枝结果为主的品种,应多缓放中庸枝,以形成花芽;以短果枝结果为主的品种,应多轻截,促发短枝形成花芽;对干性强的品种,中心干的修剪应选弱枝当头或采用"小换头"的方法抑制上强;对干性弱的品种,中心干的修剪应选强枝当头,以防止上弱下强;枝条较直立的品种,应及时开角缓和树势,以利形成花芽;枝条易开张下垂的品种,应注意利用直立枝抬高角度,以维持树势,防止衰弱。

5. 核桃树的年龄时期

生长旺的树宜轻剪缓放,疏去过密枝,注意留辅养枝,弱枝宜短截,重剪少疏,注意背下枝的修剪。初果期是核桃树从营养生长为主向结果为主转化的时期,树体发育尚未完成,结果量逐年增加,这时的修剪应当既利于扩大树冠,又利于逐年增加产量,还要为盛果期树连年丰产打好基础;盛果期的树,在保证树冠体积和树势的前提下,应促使盛果期年限尽量延长;衰老期核桃营养生长衰退,结果量开始下降,此时的修剪应使之达到复壮树势、维持产量、延长结果年限的目的。

6.枝条的类型

由于各种枝条营养物质的积累和消耗不同,所以各枝条所起的作用也不同,修剪时应根据目的和用途采取不同的修剪方式。树冠内膛的细弱枝,营养物质积累少,如用于辅养树体,可暂时保留;如生长过密,影响通风透光,可部分疏除,同时可起到减少营养消耗的作用。中长枝积累营养多,除满足本身的生长需要外,还可向附近枝条提供营养。如用于辅养树体,可作为辅养枝修剪;如用于结果,可采用促进成花的修剪方法。强旺枝生长量大,消耗营养多,甚至争夺附近枝条的营养,对这类枝条,如用于建造树冠骨架,可根据需要进行短截;如属于和发育枝争夺营养的枝条,应疏除或采用缓和枝势的剪法;如需要利用其更新复壮枝势或树势,则可采用短截法促使旺枝萌发。

7.地上部与地下部的平衡关系

核桃树的地上与地下两部分组成一个整体。叶片和根系是营养物质生产合成的两个主要部分。它们之间在营养物质和光合产物的运输分配中相互联系、相互影响，并由树体本身的自行调节作用使地上和地下部分经常保持着一定的相对平衡关系。当环境条件改变或外加人为措施时（如土壤、水肥、自然灾害及修剪等），这种平衡关系即受到破坏和制约。平衡关系破坏后，核桃树会在变化了的条件下逐渐建立起新的平衡。但是，地上与地下部的平衡关系并不都是有利于生产的。在土壤深厚、肥水充足时，树体会表现为营养生长过旺，不利于及时结果和丰产。对这些情况，修剪中都应区别对待。如对干旱和瘠薄土壤中的核桃，应在加强土壤改良，充分供应氮肥和适量供应磷、钾肥的前提下，适当少疏枝和多短截，以利于枝叶的生长；对土壤深厚、肥水条件好的核桃，则应在适量供应肥水的前提下，通过缓放、疏花疏果等措施，促使其及时结果和保持稳定的产量。又如衰老树，树上细、弱、短枝多，粗壮旺枝少，而地下的根系也很弱，这也是地上、地下部的一种平衡状态。对这类树更新复壮，就应首先增施肥水，改善土壤条件，并及时进行更新修剪。如只顾地上部的更新修剪，没有足够的肥水供应，地上部的光合产物不能增加，地下的根系发育也就得不到改善，反过来又影响了地上部更新复壮的效果，新的平衡就建立不起来。

结果数量也是影响地下部分生长的重要因素。在肥水不定时，必须进行控制坐果量的修剪，以保持地下、地上部的平衡。如坐果太多,则会抑制地下根系的发育,树势就会衰弱下去,并出现大小年的现象,甚至有些树体会因结果太多而衰弱致死。

(二)适宜丰产树形

1.疏散分层形

一般有 6～7 个主枝,分 2～3 层配置。其特点是,成形后树冠呈半圆形,通风透光良好,寿命长,产量高,负载量大,适于生长在条件较好的地区和干性强的稀植树。中央领导干应选长势较壮、方向接近垂直者培养,并按不同方向均匀选留 2～3 个邻近枝作第 1 层主枝,基角 60°。栽后 4～5 年,选留第 2 层主枝 2 个,上下两层主枝间隔距离 1.5～2.0 米,以免枝叶过于茂密,影响通风透光。栽后 5～6 年选留第 3 层主枝 1～2 个,保持 2、3 层间距 0.8～1.0 米,在第 1 侧枝对面留第 2 侧枝,距第 1 侧枝 0.5 米左右。距第 2 侧枝 0.8～1.2 米留第 3 侧枝。

2.自然开心形

其特点是无明显的中心主干,成形快,结果早,整形容易,便于掌握。适于土层较薄、土质较差、肥水条件不良的地区和树形开张的品种。自然开心不分层次,可留 2～3 个主枝,每个主枝选留斜生侧枝 2～3 个。方法基本同疏散分层形。但第 1 侧枝距中心应当稍近,如留 2 个主枝为 0.6 米,留 3 个主枝为 1 米。整形期间应注意调整各主枝间的平衡,防止背后侧枝与主枝延长枝的竞争。

3.纺锤形

适用于早实品种的密植园。干高 60 厘米左右,树高约 6 米,有中央干,直立,其上自然分布 15～20 个侧枝,向四周伸展,下部侧枝略长,外观像纺锤一样。

(三)不同年龄时期树的修剪

核桃修剪是在整形基础上,根据生长和结果的需要,结合栽培管理条件,来调节枝条的生长与结果、衰老与更新、个体与群体环境的矛盾。通过修剪调节枝叶量和花果量,利用芽的异质性,调整枝条生长势,选留、培养结果枝和结果枝组,并及时剪除一些无用枝,达到生长与结果互相协调的目的。

1.幼龄核桃树的修剪

幼龄树的修剪是在整形的基础上,继续培养和维持丰产树形的重要措施。在进一步培养树形的同时,继续培养主、侧枝,注意选留和培养结果枝和结果枝组,及时剪除和改造无用的枝条,达到均衡树势、提早结果、增加产量的目的。早实和晚实核桃生长发育特点各不相同,修剪方法也不尽一致,这里主要讲早实核桃的修剪。

(1)疏除过密枝:早实核桃分枝早,枝量大,容易造成树冠内部的枝条密度过大,不利于通风透光。因此,对树冠内各类枝条,修剪时应去强去弱留中庸枝。疏枝时,应

131

紧贴枝条基部剪除,切不可留橛,以利于剪口的愈合。

（2）徒长枝的利用：早实核桃结果早,果枝率高,坐果率高,造成养分的过度消耗,枝条容易干枯,从而刺激基部的隐芽萌发而形成徒长枝。这是早实核桃幼树常见的现象。早实核桃徒长枝的突出特点是第二年都能抽枝结果,果枝率高达 100%。这些结果枝的长势,由顶部至基部逐渐变弱,中、下部的小枝结果后第三年多数干枯死亡,出现光秃带,结果部位向顶部推移,容易造成枝条下垂。为了克服这种弊病,利用徒长枝粗壮、结果早的特点,通过夏季摘心或短截或者春季短截等方法,将其培养成结果枝组,以充实树冠空间,更新衰弱的结果枝组。

（3）处理好背下枝：核桃背下枝春季萌发早,生长旺盛,竞争力强,容易使原枝头变弱而形成"倒拉"现象,甚至造成原枝头枯死。处理方法是萌芽后剪除。如果原母枝变弱或分枝角度较小,可利用背下枝或斜上枝代替原枝头,将原枝头剪除或培养成结果枝组。

（4）主枝和中央领导干的处理：主枝和侧枝延长头,为防止出现光秃带和促进树冠扩大,可每年适当截留60～80厘米,剪口芽可留背上芽或侧芽。中央领导干应根据整形的需要每年短截。

2.盛果期核桃树的修剪

盛果期树的骨架已基本形成和稳定,树冠扩大已近停止,大都接近郁闭,产量逐渐达到高峰,树姿逐渐开张,外围枝量增多,内膛光照不良,部分小枝开始干枯,主枝后部出现光秃带,结果部位外移,生长与结果矛盾突出,容易出现大小年现象。这时修剪的主要任务是调整营养生长和生殖生长的关系,不断改善树冠的通风透光条件,不断更新结果枝,以保持稳定的长势和产量。

(1)骨干枝的修剪:此期骨架基本定型,骨干延长枝不再向外延伸,修剪时应注意利用上枝上芽复壮延长枝,主侧枝上多留枝叶,适当控制结果量,保持骨干枝的生长势。树冠外围枝由于多年延伸和分枝,常密集,交叉重叠,互相影响,内膛光照不良,应当疏除和适时回缩。

(2)结果枝组的更新复壮:结果枝组因多年结果,容易衰弱,结果外移。大结果枝组,内膛光照不良,基部容易枯死;中、小结果枝组极易全部衰弱,均需进行更新复壮。按回缩更新修剪方法,剪至生长势较强、枝条向上的部位,同时控制枝组内的旺枝,尤其对大型枝组要防止"树上长树",影响树体结构和其他枝组的生长。按树冠外、中、内顺序培养小、中、大枝组。

(3)徒长枝的修剪:随树龄和结果量的增加,外围枝长势变弱,加之修剪等外界刺激,极易造成内膛骨干枝背上潜伏芽萌发,成为徒长枝,消耗营养,影响通风透光。对于徒长枝应采取"有空就留,无空就疏"的原则,充实内膛,增加结果部位。盛果末期,树势开始衰弱,产量下降,枯死枝增加,此时,徒长枝更应注意选留,作为更新复壮的主要枝条。

(4)清理无用枝条：应及时把长度在 6 厘米以下、粗度不足 0.8 厘米的细弱枝条疏除。原因是这类枝条坐果率极低。内膛过密、重叠、交叉、病虫枝和干枯枝等也应剪除，以减少不必要的养分消耗和改善树冠内部的通风透光条件。

3.核桃衰老树修剪

核桃进入衰老期，外围枝生长势减弱，小枝干枯严重，外围枝条下垂，产生大量"焦梢"，同时萌发出大量的徒长枝，出现自然更新现象，产量也显著下降。为了延长结果年限，可对衰老树进行更新复壮。

(1)主干更新（大更新）：将主枝全部锯掉，使其重新发枝，并形成主枝。具体做法有两种：①对主干过高的植株，可从主干的适当部位，将树干全部锯掉，使锯口下的潜伏芽萌发新枝，然后从新枝中选留方向合适、生长健壮的枝条 2~4 个，培养成主枝。②对主干高度适宜的开心形植株，可在每个主枝的基部锯掉。如系主干形植株，可先从第一层主枝的上部锯掉树冠，再从各主枝的基部锯掉，使主枝基部的潜伏芽萌芽发枝。

(2)主枝更新（中更新）：在主枝的适当部位进行回缩，使其形成新的侧枝。具体修剪方法：选择健壮的主枝，保留 50~100 厘米长，其余的部分锯掉，使其在主枝锯口附近发枝。发枝后，每个主枝上选留方位适宜的 2~3 个健壮的枝条，培养成一级侧枝。

（3）侧枝更新（小更新）：将一级侧枝在适当的部位进行回缩，使其形成新的二级侧枝。其优点是，新树冠形成和产量增加均较快。具体做法是：①在计划保留的每个主枝上，选择2～3个位置适宜的侧枝。②在每个侧枝中下部长有强旺分枝的前端进行剪截。③疏除所有的病枝、枯枝、单轴延长枝和下垂枝。④对明显衰弱的侧枝或大型结果枝组应进行重回缩，促其发新枝。⑤对枯枝梢要重剪，促其从下部或基部发枝，以代替原枝头。⑥对更新的核桃树，必须加强土、肥、水和病虫害防治等综合技术管理，以防当年发不出新枝，造成更新失败。

4.核桃放任树修剪

目前，我国放任生长的核桃树仍占相当大的比例。一部分幼旺树可通过高接换优的方法加以改造。对大部分进入盛果期的核桃大树，在加强地下管理的同时可进行修剪改造，以迅速提高核桃的产量、品质。放任树的表现：大枝过多，层次不清；结果部位外移，内膛空虚；生长衰弱，坐果率低；衰老树自然更新现象严重。

（1）树形改造：放任树的修剪应根据具体情况随树做形。如果中心领导枝明显，可改造成疏散分层形；中心领导枝已很衰弱或无中心领导枝的，可改造成自然开心形。

（2）大枝处理：修剪前要对树体进行全面分析，重点疏除影响光照的密集枝、重叠枝、交叉枝、并生枝和病虫危害枝。留下的大枝要分布均匀，互不影响，以利侧枝的配备。一般疏散分层形留 5～7 个主枝,特别是第一层要留好 3～4 个;自然开心形可留 3～4 个主枝。为避免因一次疏除大枝过多而影响树势,可以对一部分交叉重叠的大枝先进行回缩,分年疏除。对于较旺的壮龄树也应分年疏除大枝,以免引起生长势变旺。在去大枝的同时,对外围枝要适当疏间,以疏外养内、疏前促后为原则。树形改造 1～2 年完成,修剪量占整个改造修剪量的 40%～50%。

(3)结果枝组的培养与调整:大枝疏除后,第二或第三年以调整外围枝和中型枝为主,特别是内膛结果枝组的培养。对已有的结果枝组应去弱留强、去直立留背斜、疏前促后或缩前促后。此期年修剪量占 20%～30%。

(4)稳势修剪阶段:树体结构调整后,还应调整母枝与营养枝的比例,约为 3∶1,对过多的结果母枝可根据空间和生长势进行去弱留强,充分利用空间。在枝组内调整母株留量的同时,还应有 1/3 左右交替结果的枝组量,以稳定整个树体生长与结果的平衡。此期年修剪量应掌握在 20%～30%。

以上修剪量应根据立地条件、树龄、树势、枝量多少灵活掌握,各大中小枝的处理也必须全盘考虑,做到因树修剪,随枝做形。另外,应与加强土肥水管理结合,否则,难以收到良好的效果。

核桃树如果落叶后修剪,极易由伤口产生伤流,伤流过多,造成养分和水分流失,有碍正常生长结果。因此,核桃修剪时期与其他果树不同,冬季最好不修剪。据观察,伤流一般从落叶后 11 月中旬开始发生,伤流量逐渐增多,3 月下旬芽萌动以后伤流逐渐停止。所以,核桃树修剪的适宜时期为核桃采收后到开始落叶时,幼树在春季萌芽展叶后进行。但最新研究结果表明,落叶期修剪更好。

(四)夏剪

夏剪是在核桃树发芽后,枝叶生长时期所进行的修剪,措施有短截、摘心、抹芽、除副梢。

(1)剪除二次枝,以避免由于二次枝的旺盛生长而过早郁闭。方法是在二次枝抽生后未木质化之前,将无用的二次枝从基部剪除。剪除对象主要是生长过旺造成树冠出"辫子"的二次枝。

(2)疏除多余的二次枝。凡在一个结果枝上,抽生 3 个以上的二次枝,可在早期选留 1～2 个健壮枝,其余全部疏除。

(3)在夏季,对于选留的二次枝,如果生长过旺,为了促进木质化,控制其向外延伸,可进行摘心。

(4)对于一个结果枝只抽生一个二次枝,而且长势很强,为了控制其旺长,增加分枝,进而培养成结果枝组,可于春季或夏季对二次枝进行短截。夏季短截分枝效果良好(春季短截发枝粗壮),短截强度以中、轻度为好。

九、花果管理

（一）提高坐果率的措施

核桃属于异花授粉，虽也存在着自花结实现象，但坐果率较低；核桃存在着雌、雄花期不一致的现象，且为风媒花，自然授粉受各种条件限制，致使每年坐果情况差别很大。幼树开始结果的第 2～3 年只形成雌花，没有或很少有雄花，因而影响授粉和结果。为了提高坐果率，增加产量，可以进行人工辅助授粉。授粉应在核桃盛花初期到盛花期进行。

（1）花粉的采集：从健壮树上采集发育成熟、基部小花开始散粉的雄花序，放在通风干燥的室内摊开晾干，保持 16～20℃，待大部分雄花药开始散时，筛出花粉，装瓶待用。装瓶贮花粉必须注意通气、低温（2～5℃）条件。否则，温度过高、密闭易发霉，授粉效果降低。为了适应大面积授粉的需要，可用淀粉将花粉加以稀释，同样可达到良好的效果。经试验,用 1∶10 淀粉或滑石粉稀释花粉授粉效果较好。

(2)授粉适期:根据雌花开放特点,授粉最佳时期为柱头呈倒"八"字形张开,分泌黏液最多时(一般 2～3 天)。待柱头反转或柱头变色、分泌物很少时,授粉效果显著降低。因此,掌握准确授粉时间很重要。因一株树上雌花期早晚相差 7～15 天,为提高坐果率,应进行两次授粉。

(3)授粉方法:可用双层纱布袋,内装 1∶10 稀释花粉或刚散粉雌花序,在上风头进行人工抖动。也可配成花粉水悬液(花粉∶水＝1∶5 000)进行喷授,有条件的地方可在水中加入 10％蔗糖和 0.02％的硼酸。还可结合叶面喷肥进行授粉。

花期喷硼酸、稀土和赤霉素可显著提高核桃树的坐果率。据山西林业科学研究所 1991～1992 年进行多因子综合试验,认为盛花期喷赤霉素、硼酸、稀土的最佳浓度分别为 54 克/千克,125 克/千克,475 克/千克。另外,花期喷 0.5％尿素、0.3％磷酸二氢钾 2～3 次能改善树体养分状况,促进坐果。

(二)疏花疏果和合理负载

1. 疏雄花

核桃雄花数量大,远远超出授粉需要,可以疏除一部分雄花。雄花芽的发育,需要消耗大量的水分、糖类、氨基酸等。尤其核桃花期,正值我国北方干旱季节,水分往往成为生殖活动的限制因子,而雄花芽又位于雌花芽的下部,处于争夺水分和养分的有利位置,大量雄花芽的发育势必影响到结果枝的雌花发育。提早疏除过量的雄花芽,可以节省树体的大量水分和养分,有利当年雌花的发育,提高当年坚果产量和品质,同时也有利于新梢的生长和花芽分化。

(1)疏雄时期:原则上以早疏为宜,一般以雄花芽未萌动前20天内进行为宜,雄花芽开始膨大时,为疏雄的最佳时期。因为休眠期雄芽比较牢固,操作麻烦,雄花序伸长时,已经消耗营养,对树是不利的。

(2)疏雄数量:雌花序与雄花序之比为1:4~1:6,每个雄花序有雄花113~121个。雌花序与雄花(小花)数之比为1:600。若疏去90%~95%的雄花序,雌花序与雄花之比仍可达1:30~1:60,完全可以满足授粉的需要。但雄花芽很少的植株和刚结果幼树,可以不疏雄。

2.疏幼果

早实核桃以侧花芽结果为主,雌花量较大,到盛果期后,为保证树体营养生长与生殖生长的相对平衡,保持优质高产稳产,必须疏除过多的幼果。否则会因结果太多造成果个变小,品质变差,严重时导致树势衰弱,枝条大量干枯死亡。

（1）疏果时间：可在生理落果后，一般在雌花受精后20～30天，即子房发育到1.0～1.5厘米时进行。疏果量应依树势状况和栽培条件而定，一般以1平方米树冠投影面积保留60～100个果实为宜。

（2）疏果方法：先疏除弱枝或细弱枝上的幼果，也可连同弱枝一同剪掉；每个花序有3个以上幼果，视结果枝的强弱，可保留2～3个，坐果部位在冠内要分布均匀，郁闭内膛可多疏。特别注意，疏果仅限于坐果率高的早实核桃品种。

（三）果实管理

核桃坐果后，果实迅速发育，果实发育的大小很大程度上取决于养分的消耗和积累之间是否平衡，如果消耗大于积累，果实就会营养不良而提前硬核，因此，果实发育期一定要注意追肥和浇水。

十、采收与包装

（一）采收时期

核桃的适时采收非常重要，采收过早，青皮不易剥离，种仁不饱满，出仁率低，脂肪含量降低，而且不耐贮藏；采收过晚，果实易脱落，同时青皮开裂后停留在树上的时间过长，会增加感染霉菌的机会，导致坚果品质下降。

（1）核桃果实成熟期：核桃为核果类，其可食部分为核仁，故它们成熟期与桃、杏等不同，包括青果皮及核仁两个部分的成熟过程。青果皮成熟时，由深绿色或绿色变为黄绿色或淡黄色，茸毛稀少，果实顶部出现裂缝，与核壳分离，为青皮的成熟特征。内隔膜由浅黄色转为棕色，为核仁的成熟特征。

核桃果实成熟期因品种和气候不同而异，早熟品种与晚熟品种间，成熟期可相差半个月以上。气候及土壤水分状况对核桃成熟期影响也很大。在初秋气候温和，夜间冷凉而土壤湿润时，青果皮与核仁的成熟期趋向一致；当气温高，土壤干旱时，核仁成熟早而青果皮成熟则推迟，最多可相差几周。一般地说，北方地区的成熟期在9月上旬至中旬，南方相对早些。同一地区内的成熟期也不同，平原较山区成熟早，低山区比高山区成熟早，阳坡较阴坡成熟早，干旱年份比阴雨年份成熟早。目前，生产中采收多数偏早，应予以注意。

（2）采收期对坚果产量及品质的影响：提前10天以上采收时，坚果和核仁的产量分别降低12％及34％以上，脂肪含量降低10％以上。过晚采收，深色核仁比例增加，核仁易遭霉菌的侵害，使品质降低。

（3）采收适期：核仁成熟期为采收适期。一般认为80％的坚果果柄处已经形成离层，且其中部分果实顶部出现裂缝，青果皮容易剥离时期为适宜采收期。

（二）采收方法

目前，我国采收核桃的方法是人工采收法。人工采收法是在核桃成熟时，用带弹性的长木杆或竹竿敲击果实。敲打时应该自上而下，从内向外顺枝进行。如由外向内敲打，容易损失枝芽，影响来年产量。

也可采用机械震动法，在采收前半个月喷1～2次浓度为0.05％的乙烯利催熟，然后，用机械环抱震动树干，将果实震落于地面，可有效促使脱除青果皮，大大节省采

143

果及脱青皮的劳动力,也提高了坚果品质,这是近年国外采收核桃的主要方法。喷洒乙烯利必须使药液遍布全树冠,接触到所有的果实,才能取得良好的效果。使用乙烯利会引起轻度叶子变黄或少量落叶,属正常反应。但树势衰弱的树会发生大量落叶,故不宜采用。

(三)果实采后处理(脱青果皮及干燥)

(1)脱青皮:人工打落采收的核桃,70%以上的坚果带青果皮,故一旦开始采收,必须随采收随脱青皮和干燥,这是保证坚果品质优良的重要措施。带有青皮的核桃,由于青皮具有绝热和防止水分散失的性能,使坚果热量积累,当气温在37℃以上时,核仁很易达到40℃以上而受高温危害,在烈日下采收时,更须加快拣拾。

①堆沤脱皮法:收回的青果应随即在阴凉处脱去青皮,青皮未离皮时,可在阴凉处堆放,切忌在阳光下暴晒,然后按50厘米左右的厚度堆成堆。若在果堆上加一层10厘米厚的干草或干树叶,可提高堆内温度,促进果实后熟,加快脱皮速度。一般堆沤7天左右,当青果皮离壳或开裂达到50%以上时,可用棍敲击脱皮。切勿使青皮变黑甚至腐烂。

②乙烯利脱皮法:果实采收后,在浓度为0.3%~0.5%乙烯利溶液中浸蘸约30秒,再按50厘米左右的厚度堆在阴凉处或室内,在温度为30℃、相对湿度80%~90%的条件下,经5天左右,离皮率达95%以上。若果上

加盖一层厚 10 厘米左右的干草,2 天左右即可离皮。此法不仅时间短、工效高,而且还能显著提高果品质量。注意在应用乙烯利催熟过程中,忌用塑料薄膜之类不透气材料覆盖,也不能装入密闭的容器中。

(2)坚果漂洗:坚果脱去青皮后,随即洗去坚果表面上残留的烂皮、泥土及其他污染物。带壳销售时,可用漂白粉液进行漂白。常用的漂白方法如下:

①漂白液的配置:1 千克漂白粉溶解在约 64 克温水中,充分溶解后,滤去沉渣,得饱和液,饱和液可以 1:10 的比例用清水稀释后用作漂白液。

②漂白方法:将刚脱青皮的核桃先用水清洗一遍后,倒入漂白液内,随时搅动,浸泡 8～10 分钟,待壳显黄白色时,捞出用清水洗净漂白液,再进行干燥,漂白容器以瓷制品为好,不可用铁木制品。

(3)坚果干燥方法:

①晒干法:北方地区秋季天气晴朗、凉爽,多采用此法。漂洗后的干净坚果,不能立即放在日光下暴晒,应先摊放在竹箔或高粱箔上晾半天左右,待大部分水分蒸发后再摊晒。湿核桃在日光下暴晒会使核壳翘裂,影响坚果品质。晾晒时,坚果厚度以不超过两层果为宜。晾晒过程中要经常翻动,以达到干燥均匀、色泽一致,一般经过 10 天左右即可晾干。

②烘干法:在多雨潮湿地区,可在干燥室内将核桃摊在架子上,然后在屋内用火炉子烘干。干燥室要通风,炉

火不宜过旺,室内温度不宜超过 40℃。

③热风干燥法:用鼓风机将干热风吹入干燥箱内,使箱内堆放的核桃很快干燥。鼓入热风的温度应在 40℃为宜。温度过高会使核仁内脂肪变质,当时不易发现,贮藏几周后即腐败不能食用。

④坚果干燥的指标:坚果相互碰撞时,声音脆响,砸开检查时,横隔膜极易折断,核仁酥脆。在常温下,相对湿度 60%的坚果平均含水量为 8%,核仁含水量约 4%,便达到干燥标准。

(四)分级与包装

1. 坚果分级标准和包装

根据核桃外贸出口要求,坚果依直径大小分为三等:一等为 30 毫米以上,二等为 28~30 毫米,三等为 26~28 毫米。出口核桃除要求坚果大小主要指标外,还要求果面光滑、洁白、干燥(核仁含水量不得超过 6.5%),成品内不允许夹带其他杂果,不完善果(欠熟果、虫蛀果、霉烂果及破裂果)总计不得超过 10%。

根据我国 1987 年颁布的《核桃丰产与坚果品质》国家标准,将核桃坚果分为以下四级。

(1)优级:要求坚果外观整齐端正(畸形果不超过 10%),果面光滑或较麻,缝合线平或低,平均单果重不低于 8.8 克;内褶壁退化,手指可捏破,能取整仁,种仁黄白色,饱满;壳厚不超过 1.1 毫米;出仁率不低于 59%;味香,无异味。

(2)一级:平均单果重不小于 7.5 克,内褶壁不发达,两个果用手可以挤破,能取整仁或半仁;种仁深黄色,饱满;壳厚 1.2～1.8 毫米;出仁率 50%～59%;味香,无异味。

(3)二级:坚果外观不整齐、不端正,果面麻,缝合线高,单果平均重不小于 7.5 克,内褶壁不发达,能取整仁或半仁;种仁深黄色,较饱满;壳厚 1.2～1.8 毫米,出仁率 43%～50%;味稍涩,无异味。

(4)三级:外观形同二级,单果平均重小于 7.5 克;内褶壁较发达,手挤不破,取仁较难,可取半仁或 1/4 仁;种仁黄褐色,较饱满,壳厚 1.9～2.0 毫米;出仁率为 43%～50%;味稍涩,无异味。

(5)等外:抽检样品中夹仁坚果数量超过 5% 时,列入等外。

标准中还规定:露仁、缝合线开裂、果面或种仁有黑斑的坚果超过抽检样品数量的 10% 时,不能列为优级和一级品。

核桃坚果的包装一般都用麻袋。出口商品可根据客商要求,每袋装 45 千克左右,包口封严,并在袋左上角标注批号。

2.取仁方法和核桃仁分级标准与包装

(1)取仁方法:核桃取仁有人工取仁和机械取仁两

147

种。我国大多沿用人工砸取的办法。砸仁时应注意将缝合线与地面平行放置,用力要匀,切忌猛击和用力连击,以尽可能提高整仁率。为了减轻坚果砸开后种仁受污染,砸仁之前一定要清理好场地,保持卫生,不可直接在地上砸。坚果砸破后先装入干净的筐篓中或堆放在干净席子上,砸完后再剥出种仁。剥仁时最好戴上干净手套,将剥出的种仁直接放入干净的容器或塑料袋内,然后分级包装。

（2）核桃仁的分级标准与包装:根据核桃仁颜色和完整程度,将核桃仁划分为八级,行业术语将"级"称为"路"。

白头路:1/2 仁,淡黄色;

白二路:1/4 仁,淡黄色;

白三路:1/8 仁,淡黄色;

浅头路:1/2 仁,淡琥珀色;

浅二路:1/4 仁,浅琥珀色;

浅三路:1/8 仁,浅琥珀色;

混四路:碎仁,种仁色浅且均匀;

深三路:碎仁,种仁深色。

在核桃仁分级、收购时,除注意种仁颜色和种仁大小外,还要求种仁干燥,水分含量不超过 5%;种仁肥厚、饱满,无虫蛀,无霉烂变质,无异味,无杂质。不同等级的核桃仁,出口价格相差较大,白头路最高。核桃仁出口要求按等级用纸箱和木箱包装。做包装的箱子不能有异味。

一般每箱核桃仁净重 20～25 千克。包装时应注意防潮措施,装箱后立即封严、捆牢,并注明重量、等级、地址和货号。

(五)贮藏

1. 核桃贮藏原理及条件

核仁含油脂量高达 63％～74％,其中 90％以上为不饱和脂肪酸,有 70％左右为亚油酸及亚麻酸,这些不饱和脂肪酸极易氧化酸败,俗称"变蛤"。核桃及核仁种皮的理化性质对抗氧化有重要作用。一是隔离空气,二是内含抗氧化剂的化合物,但核壳及核仁种皮的保护作用是有限的,而且在抗氧化过程中种皮的单宁物质因氧化而变深,影响外观,但不影响核仁的风味。低温及低氧环境是贮藏好核桃的重要条件。

2. 贮藏方法

(1)常温贮藏:常温条件下贮藏的核桃,必须达到一定的干燥程度,所以在脱去青皮后,马上翻晒,以免水分过多,引起霉烂。但也不要晒得过干,晒久了容易造成出油现象,降低品质。核桃以晒到仁、壳由白色变为金黄色,隔膜易于折断,内种皮不易和种仁分离、种仁切面色泽一致时为宜。在常温贮藏过程中,有时会发生虫害和"返油"现象,因此,贮藏必须冷凉干燥,并注意通风,定期检查。如果贮藏时间不超过次年夏季的,则可用尼龙网袋或布袋装好,进行室内挂藏。对于数量较大的,用麻袋或堆放在干燥的地上贮藏。

(2)塑料薄膜帐贮藏:北方地区,冬季由于气温低,空气干燥,在一般条件下,果实不至于发生明显的变质现象。所以,用塑料薄膜帐密封贮藏核桃,秋季核桃入帐时,不需要立即密封,从翌年2月下旬开始,气温逐渐回升时,用塑料薄膜帐进行密封保存,密封时应保持低温,使核桃不易发霉。秋末冬初,若气温较高,空气潮湿,核桃入帐必须加吸湿剂,以保持干燥,并通风降低贮藏室的温度。采用塑料袋密封黑暗贮藏,可有效降低种皮氧化反应,抑制酸败,在室温25℃以下可贮藏1年。

如果帐内通入二氧化碳,则有利于核桃贮藏;二氧化碳浓度达到50%以上,可防止油脂氧化而产生的败坏现象及虫害发生;帐内通入氮气,也有较好效果。

(3)低温贮藏:若贮藏数量不大,而时间要求较长,可采用聚乙烯袋包装,在冰箱内0~5℃条件下,贮藏两年以上品质仍然良好。对于数量较多,贮藏时间较长的,最好用麻袋包装,放于-1℃左右冷库中进行低温贮藏。

在贮藏核桃时,常发生鼠害和虫害。一般可用溴甲烷(40克/米³)熏蒸库房3.5~10小时,或用二硫化碳(40.5克/米³)密闭封存18~24小时,防治效果显著。

尽可能带壳贮藏核桃,如要贮藏核仁,核仁因破碎而使种皮不能将仁包严,极易氧化,故应用塑料袋密封,再在1℃左右的冷库内贮藏,保藏期可达两年。低温与黑暗环境可有效抑制核仁酸败。

核桃仁在 1.1～1.7℃条件下,可贮藏两年而不腐烂。此外,采用合成的抗氧化材料包装核桃仁,也可抑制因脂肪酸氧化而引起的腐败。

十一、核桃病虫害防治

(一)农业综合防治

(1)强调农业防治的基础作用:农业防治是病虫防治的基础。各种病虫害的发生和危害受其寄主和环境的影响很大。在枝叶茂密、通风透光不良的果园,病害发生较重;在偏施氮肥的果园,虫害发生较重。因此,通过改变一系列的栽培管理措施,改变有利于病虫发生的环境条件,是病虫防治的基础。例如,选择具有抗病虫特性的优良品种,采取合理的栽培密度,通过合理的整形修剪,控制一定的留枝量,使树冠内通风透光良好;适当提高结果部位,以减少土中越冬病菌的侵染机会;合理疏果,适当留果,减轻果树负载量。

生物杀虫灯的使用,也可有效控制害虫的发生。利用某些害虫成虫的向光性,在果园周围悬挂相应频率的杀虫灯,诱杀害虫,以减少虫口密度。

（2）实施人工防治技术：人工防治病虫技术，是最原始也是最有效的技术，通常是与果树管理密不可分的。最常用的方法是结合果树修剪，剪除或刮掉在果树上越冬的病虫，以减少侵染源。有些人工方法是根除病虫发生的有效方法，如有些害虫采取人工摘除予以杀灭。有些害虫的幼虫有群居发生的习性，可集中歼灭。秋季在树干上绑草把，诱集越冬幼虫，到春季解下烧掉，能消灭其中的越冬害虫。

（3）果园生草：在果园行间种植牧草或其他草种，我国常用的草种有紫花苜蓿、白三叶草、草木樨和禾本科草等。一般在草高 30～50 厘米时，留 5～10 厘米进行割除，将割下的草直接覆盖在树盘上。果园种草的好处是：一是减少水土流失，保持土壤结构，有利于增加土壤微生物的活性；二是有利于改良土壤，培肥地力，增加果园土壤中有机质含量，减少施肥；三是招引和蓄养害虫天敌，为天敌活动提供场所。据研究，果园种植紫花苜蓿以后，天敌出现高峰期明显提前，而且数量增多，在不喷施任何杀虫剂的情况下，有些害虫就可达到防治指标。

另外，果园种草后，改善了果园的生态环境，使果园的物种丰富度明显提高，形成了天敌和害虫共栖的良好生态环境。这些天敌既可以果树害虫为食，又可以苜蓿上的害虫为食，对果树害虫的大量繁衍起到了很好的抑制作用。试验表明，种草果园每年可减少农药施用 2～3 次。

(4)大力推广生物防治:在果园这个相对比较稳定的生态环境中,有着丰富的天敌资源。保护和利用这些天敌,可明显减少喷药次数。引进和释放天敌,是增加天敌数量,控制害虫发生的主要生物防治措施。

(5)昆虫性外激素的应用:昆虫性外激素是由雌成虫分泌的用以招引雄成虫前来交配的一类化学物质。通过人工模拟其化学结构合成的昆虫性外激素已进入商品化生产阶段。我国在果树害虫防治上已经应用的有桃小食心虫、梨小食心虫、苹果蠹蛾、苹小卷叶蛾、梨大食心虫、金纹细蛾、桃潜蛾、桃蛀螟、枣黏虫等昆虫的性外激素。

昆虫性外激素在果树害虫防治上的应用主要有3个方面:①害虫发生期检测。利用昆虫性外激素进行成虫发生期检测具有准确度高、使用方便等优点。目前,已成为某些害虫预测预报的重要手段。②大量诱杀。在果园设置一定数量的性外激素诱捕器,能够大量诱捕到雄成虫,减少自然界雌、雄成虫交配的机会,从而达到治虫目的。③干扰交配(成虫迷向)。在果园内悬挂一定数量的害虫性外激素诱芯,作为性外激素散发器,这种散发器不断将昆虫的性外激素释放于田间,使雄成虫寻找雌成虫的联络信息发生混乱,从而失去交配机会。

(6)科学使用化学农药:在核桃绿色高效生产过程中,禁止使用剧毒、高毒、高残留、致癌、致畸、致突变和具有慢性中毒作用的农药(表13)。

表 13　　　　　核桃绿色生产中禁止使用的农药

农药类型	农药品种	禁用原因
有机砷杀菌剂	福美胂、福美甲胂	高残毒
取代苯类杀菌剂	五氯硝基苯	国外有报致癌
有机磷杀菌剂	稻瘟净	异味
有机氯杀虫、杀螨剂	滴滴涕、六六六、三氯杀螨醇	高残毒
甲脒类杀虫、杀螨剂	杀虫脒	慢性毒性、致癌
有机磷杀虫剂	甲拌磷、乙拌磷、久效磷、甲基对硫磷、甲胺磷、氧化乐果、磷胺、水胺硫磷、杀扑磷等	剧毒或高毒
氨基甲酸酯类杀虫剂	涕灭威、克百威、灭多威等	剧毒或高毒
二苯醚类除草剂	除草醚、草枯醚	慢性毒性

根据核桃树病虫害发生和危害程度,适当采取以下施药策略和方法。

①重视核桃树发芽前施药:大多数病虫都在树体上越冬。在春季核桃发芽前,越冬病虫(特别是害虫)开始出蛰活动,并上芽危害,这时喷药有以下优点:一是大部分害虫暴露在外面,又无叶片遮挡,容易接触药剂;喷到树干或枝叶的杀菌剂,易于杀死在树体上越冬的病菌,起到铲除菌源的作用。二是天敌数量少或天敌尚未活动,喷药不影响其繁殖。三是省药、省工。

②在核桃生长前期少用或不用化学农药:核桃生长前期(北方 6 月份以前)是害虫发生初期,也是天敌数量

增殖期,在这个时期喷广谱性杀虫剂,既消灭了害虫,也消灭了天敌,而且消灭天敌的数量远远多于害虫。

③积极推广使用生物农药和特异性农药:生物农药指利用生物或微生物及其代谢物经过工业加工制成的用于防治植物病虫害的一类物质。如杀菌剂中的农抗120、农用链霉素等,杀虫剂中的苏云金杆菌、阿维菌素等。特异农药一般为杀虫剂,这类杀虫剂能影响昆虫的代谢,害虫取食或用药后不能正常生长发育,如提前蜕皮或不能蜕皮等,通常称为保幼激素或蜕皮激素。这类农药用量较大的有除虫脲、灭幼脲、杀螟脲等。这两类农药中,大多数品种对人、畜低毒,并且在植物体内易降解,无残留,对环境无污染,对天敌昆虫比较安全,是安全核桃果品生产的首选农药。

④选择低毒化学农药:生产A级绿色食品和无公害食品的国家标准或行业标准中,对允许使用的农药品种作了限定,对使用方法和一年中的使用次数有明确规定。一般农药在一个生长季只允许使用1次,各种农药在果品中的残留量不超过规定标准。

⑤改变施药方法:化学施药主要是喷雾,但是,如果根据病虫害发生规律和危害习性,采用其他施药方法,如地面施药、树干涂药等,就会减少对非目标生物的影响。生产上常用的地面施药法防治在土中越冬的害虫,如桃小食心虫、梨象鼻虫、梨实蜂、杏仁蜂等,是防治这些害虫的主要方法。树干涂药法防治刺吸式口器害虫,如介壳

虫、木虱等，也是很有效的防治方法。

核桃安全生产中的病虫害防治是一项综合技术。在具体实践中，应根据生产管理水平和病虫发生危害的程度，适当采取一些关键技术，打破农药万能的桎梏，树立病虫综合防治的观念。

(二)核桃主要病害及防治

1.核桃炭疽病

在我国核桃产区均有产生。该病主要危害果实、叶、芽及嫩梢。一般果实被害率达 20%～40%，病重年份可高达 95% 以上，引起果实早落、核仁干瘪，不仅降低商品价值，产量损失也相当严重。

(1)症状：果实受害后，果皮上出现褐色病斑，圆形或近圆形，中央下陷，病部有黑色小点产生，有时略呈纹状排列。温、湿度适宜时，在黑点处涌出黏性粉红色孢子团，即分生孢子盘和分生孢子。病果上的病斑，一至数十个，可连接成片，使果实变黑、腐烂或早落，其核仁无任何食用价值。发病轻时，核壳或核仁的外皮部分变黑，降低出油率和核仁产量。果实成熟前病斑局限在外果皮，对核桃影响不大。

叶片上的病斑，多从叶尖、叶缘形成大小不等的褐色枯斑，外缘有淡黄色晕圈。有的在主侧脉间出现长条枯斑或圆褐斑。潮湿时，病斑上的小黑点也产生粉红色孢子团。严重时,叶斑连片,枯黄而脱落。

芽、嫩梢、叶柄、果柄感病后,在芽鳞基部呈现暗褐色病斑,有的还可深入芽痕、嫩梢、叶柄、果柄等,均出现不规则或长形凹陷的黑褐色病斑,引起芽梢枯干,叶果脱落。

(2)发病规律:病菌在病枝、叶痕、残留病果、芽鳞中越冬,成为次年初次侵染源。病菌借风、雨、昆虫传播。在适宜的条件下萌发,从伤口、自然孔口侵入。在 25～28℃温度条件下,潜育期 3～7 天。核桃炭疽病比黑斑病发病晚。

核桃炭疽病的发生与栽培管理水平有关,管理水平差,株行距小,过于密植,通风透光不良,发病重。

不同核桃品种类型抗病性差异较大,一般华北本地核桃树比新疆核桃抗病。但各有自己抗病性强的和易感病的品种和单株。

(3)防治方法:

①清除病枝、落叶,集中烧毁,减少初次侵染源。

②化学防治,发芽前喷 3～5 波美度石硫合剂,开花后喷 1:1:200 倍波尔多液或 50% 多菌灵 600～800 倍液,以后每隔半个月或 20 天左右喷一次,效果也很好。

③加强栽培管理,合理施肥,保持树体健壮生长。提高树体抗病能力,改善园内通风透光条件,有利于控制病害。

④选育丰产、优质、抗病的新品种。

2.核桃细菌性黑斑病

这是一种世界性病害,在我国各核桃产区均有分布。该病主要危害核桃果实、叶片、嫩梢、芽和雌花序。一般植株被害率70%～100%,果实被害率10%～40%,严重时可达95%以上,造成果实变黑、腐烂、早落,使核仁干瘪减重,出油率降低,甚至不能食用。

(1)症状:果实病斑初为黑褐色小斑点,后扩大成圆形或不规则黑色病斑。无明显边缘,周围呈水渍状晕圈。发病时,病斑中央下陷、龟裂并变为灰白色,果实略现畸形。危害严重时,导致全果迅速变黑腐烂,提早落果。幼果发病时,因其内果皮尚未硬化,病菌向里扩展可使核仁腐烂。接近成熟的果实发病时,因核壳逐渐硬化,发病仅局限在外果皮,危害较轻。

叶上病斑最先沿叶脉出现黑色小斑,后扩大成近圆形或多角形黑褐色病斑,外缘有半透明状晕圈,多呈水渍状。后期病斑中央呈灰色或穿孔状,严重时整个叶片发黑、变脆,残缺不全。叶柄、嫩梢上的病斑长圆形或不规则形,黑褐色、稍凹陷,病斑绕枝干一周,造成枯梢、落叶。

(2)发病规律:细菌在病枝、溃疡斑内、芽鳞和残留病果等组织内越冬。翌年春季借雨水或昆虫将带菌花粉传播到叶和果实上,并多次进行再侵染。细菌从伤口、毛皮孔或柱头侵入。病菌的潜育期一般为10～15天。该病发病早晚及发病程度与雨水关系密切。在多雨年份和季

159

节,发病早且严重。在山东、河南等省一般 5 月中下旬开始发生,6～7 月为发病盛期,核桃树冠稠密,通风透光不良,发病重。一般本地核桃比新疆核桃感病轻,弱树重于健壮树,老树重于中、幼龄树。

(3)防治方法:

①结合修剪,除去病枝和病果,减少初侵染源。

②发芽前喷 3～5 波美度石硫合剂,生长期喷 1～3 次 1:0.5:200 倍的波尔多液;或喷 50%甲基托布津;喷 0.4%草酸铜效果也较好,且不易发生药害。还可用 0.003%浓度的农用链霉素加 2%的硫酸铜,多次喷雾(半个月一次),也可取得良好的效果。

③加强田间管理,保持园内通风透光,砍去近地枝条,减轻潮湿和互相感病。

④选育抗病抗虫品种,并注意选育避病性品种。

3. 核桃溃疡病

(1)症状:该病多发生在树干及侧枝基部,最初出现黑褐色近圆形病斑,直径 0.1～2.0 厘米。有的扩展成梭形及长条形病斑。在幼嫩及光滑树皮上,病斑呈水渍状或形成明显的水泡,破裂后流出褐色黏液,遇光全变成黑褐色,随后,患处形成明显圆斑。后期病斑干缩下陷,中央开裂,病部散生许多小黑点,即病菌的分生孢子器。严重时,病斑迅速扩展或数个相连,形成大小不等的梭形或长条形病斑。当病部不断扩大,环绕枝干一周时,则出现枯梢、枯枝或整株死亡。

(2)发病规律:病菌在病枝上越冬。翌春气温回升,雨量适中,可形成分生孢子,从枝干皮孔或伤口侵入,形成新的溃疡病。该病与温度、雨水、大风等关系密切,温度高,潜育期短。一般从侵入到症状出现需 1~2 个月。该病是一种弱寄生菌,从冻害、日灼和机械伤口侵入,一切影响树势衰弱的因素都有利于该病发生,如管理水平不高,树势衰弱或林地干旱、土质差、伤口多的园地易感病。

(3)防治方法:

①树干涂白,防止日灼和冻害。涂白剂配制为:生石灰 5 千克,食盐 2 千克,油 0.1 千克,水 20 千克。

②春天刮除病斑,涂 2 波美度石硫合剂。

③加强田间管理,搞好保水工程,增强树势,提高树体抗病能力。

4.核桃枝枯病

该病主要危害核桃枝干,造成枯枝和枯干。

(1)症状:1~2 年生的枝梢或侧枝受害后,先从顶端开始,逐渐蔓延至主干。受害枝上的叶变黄脱落。发病初期,枝条病部失绿呈灰绿色,后变红褐色或灰色,大枝病部稍下陷。当病斑绕枝一周时,出现枯枝或整株死亡,并在枯枝上产生密集、群生小黑点,即分生孢子盘。湿度大时,大量分生孢子和黏液从盘中央涌出,在盘口形成黑色瘤状突起。

（2）发病规律：病菌在病枝上越冬，翌年借风雨等传播，从伤口或枯枝上侵入。此菌是一种弱寄生菌，只能危害衰弱的枝干和老龄树，发病轻重与栽培管理、树势强弱有密切关系。

（3）防治方法：

①剪除病枝、死株，集中烧毁，以减少初侵染源，防止蔓延。

②适时适树，林粮间作；加强肥水管理，增强树势，提高抗病力。

5. 核桃腐烂病

又称"黑水病"。该病属真菌性病害。受害株率可达到 50%，高的达 80% 以上，主要危害枝干和树皮，导致枝枯和结实能力下降，甚至全株枯死。核桃腐烂病在同一株树上的发病部位以枝干的阳面、树干分叉处、剪锯口和其他伤口处较多。同一园中，结果核桃园比不结果核桃园发病多，老龄树比幼龄树发病多，弱树比壮树发病多。

（1）病害症状：幼树发病后，病部深达木质部，周围出现愈伤组织，呈灰色梭形病斑，水渍状，手指按压时流出液体，有酒糟味。中期病皮失水干陷，病斑上散生许多小黑点。后期病斑纵裂，流出大量黑水，当病斑环绕枝干一周时，即可造成枝干或全树死亡。成年树受害后，因树皮厚，病斑初期在韧皮部腐烂，许多病斑呈小岛状互相串联，周围集结大量的菌丝层，一般外表看不出明显的症状,当发现皮层向外流出黑液时,皮下已扩展为较大的溃疡面。营养枝或二年生侧枝感病后,枝条逐渐失绿,皮层与木质部剥离、失水,皮下密生黑色小点,呈枝枯状。修剪伤口感染发病后,出现明显的褐色病斑,并向下蔓延引起枝条枯死。

(2)发病规律:病菌在枝干病部越冬,第二年环境适宜时产生分生孢子,借助风雨、昆虫等传播,从伤口、剪锯口、嫁接口等处侵入。病斑扩展要在4月中旬至5月下旬。一般粗放管理,土壤瘠薄、排水不良、水肥不足,树势衰弱或遭冻害或受盐碱侵害的核桃树易感染此病。

(3)防治方法:

①加强栽培管理:对于土壤结构不良、土壤瘠薄、盐碱重的果园,应先改良土壤并增施有机肥料。合理修剪,增强树势,提高抗病力。

②适当修剪:秋季落叶前对树冠密闭的疏除部分大枝,打开天窗,生长期间疏除下垂枝、老弱枝,以恢复树势,并对剪锯口用1‰的硫酸铜消毒。适期采收,尽量避免用棍棒击伤树皮。

③刮除病斑:一般在春季进行,也可在生长期发现病斑随时进行刮治,刮治的范围可控制到比变色组织大出1厘米,略刮去一点好皮即可。树皮没有烂透的部位,只需将上层病皮刮除。病变达木质部的要刮到木质部。刮后涂20%农抗120水剂30倍液涂抹两次,消毒杀菌,或用4~6波美度的石硫合剂。也可直接在病斑涂3~4厘

米厚的细泥,超出病斑边缘3～4厘米,可用塑料纸裹紧即可。刮下的病皮集中销毁。

④树干涂白防冻:冬季日照较长的地区,冬前先刮净病斑,然后涂刷白涂剂(配方为水:生石灰:食盐:硫磺粉:动物油＝100:30:2:1:1),以降低树皮温差,减少冻害和日灼。开春发芽前、6～7月和9月,在主干和主枝的中下部喷2～3波美度石硫合剂。

6.核桃白粉病

主要危害叶、幼芽和新梢,引起早期落叶和死亡。在干旱季节和年份发病率高。

(1)病害症状:最明显的症状是叶片正、反面形成薄片状白粉层,秋季在白粉层中生出褐色至黑色小颗粒。发病初期叶片上呈黄白色斑块,严重时叶片扭曲皱缩,提早脱落,影响树体正常生长。幼苗受害后,植株矮小,顶端枯死,甚至全株死亡。

(2)发病规律:病菌在脱落的病叶上越冬,7～8月发病,从气孔多次侵染。温暖而干旱,氮肥多、钾肥少,枝条生长不充实时易发病,幼树比大树易受害。

(3)防治方法:

①提高抗病力,合理施肥与灌水,加强树体管理,增强树体抗病力。

②消除病源,及时消灭病叶,以减少初次侵染源。

③药剂防治,发病初期喷0.2～0.3波美度的石硫合

剂,或甲基托布津 800～1 000 倍液,2％农抗 120 水剂 200 倍液,尤以 25％粉锈宁 500～800 倍液,防治效果好。

7. 核桃褐斑病

主要发生在陕西、河北、吉林、四川、河南、山东等地。危害叶、嫩梢和果实,引起早期落叶、枯梢,影响树势和产量。

(1)病害症状:受害叶上呈近圆形或不规则形灰褐色斑块,直径 0.3～0.7 厘米,中间灰褐色,边缘不明显且呈黄绿至紫色,病斑上有黑褐色小点,略呈同心轮纹状排列。严重时病斑连接,致使早期落叶。嫩梢上病斑为长椭圆形或不规则形,稍凹陷,边缘褐色,中间有纵裂纹,后期病斑上散生小黑点,严重时梢枯。果实病斑比叶片病斑小,凹陷,扩展后果实变黑腐烂。

(2)发病规律:病菌在病叶或病枝上越冬,翌年春季产生分生孢子,借风雨传播,从伤口或皮孔侵入叶、枝或幼果。5 月中旬到 6 月初开始发病,7～8 月为发病盛期。多雨年份或雨后高温、高湿发病迅速,造成苗木大量枯梢。

(3)防治方法:

①清除病源,清除病叶、病梢,深埋或烧毁。

②药剂防治,6 月上中旬或 7 月上旬,各喷一次 1:2:200 倍的波尔多液或 50％的甲基托布津 800 倍液,效果良好。

8. 苗木菌核性根腐病

该病又叫白绢病,多危害一年生幼苗,使其主根及侧根皮层腐烂,地上部枯死,甚至全树死亡。

(1)病害症状:高温、高湿时,苗木根颈基部和周围的土壤及落叶表面有白色绢丝状菌丝体产生,随后长出小菌核,初为白色后转为茶褐色。

(2)发病规律:病菌在病株残体及土壤中越冬,多从幼苗根颈部侵入,遇高温、高湿时发病严重。一般5月下旬开始发病,6~8月为发病盛期,在土壤黏重、酸性土或前作蔬菜、粮食等地块上育苗易发病。

(3)防治方法:

①选好圃地,避免病圃连作,选排水好、地下水位低的地方作圃地,在多雨区采用高床育苗。

②晾土或客沙换土,换土可每年1次,一般1~2次见效。

③种子消毒及土壤处理,播前用50%多菌灵粉剂0.3%拌种,对酸性土适当加入石灰或草木灰,以中和酸度,可减少发病。此外,用1%硫酸铜或甲基托布津500~1 000倍液浇灌病树根部,再用消石灰撒入苗颈基部及根部土壤。

(三)核桃主要害虫及防治

1.核桃云斑天牛

俗称铁炮虫、核桃天牛、钻木虫等,主要危害枝干。受害树有的主枝及中心干死亡,有的整株死亡,是核桃树的一种毁灭性害虫。

(1)形态特征:成虫体长 51～97 毫米,密被灰色或黄色绒毛。前胸背板中央有 1 对肾形白色毛斑。鞘翅上有不规则的白斑,呈云片状,一般排列成 2～3 纵行。虫体两侧各有白色纹带一条。雌虫触角略长于体长,雄虫触角超过体长 3～4 节。鞘翅基部密布瘤状颗粒,两鞘翅的后缘有一对小刺。卵长圆形,长 8～9 毫米,黄白色,略扁稍弯曲,表面坚韧光滑。幼虫体长 74～100 毫米,黄白色,头扁平,半缩于胸部,前胸背板为橙黄色,着生黑色点刻,两侧白色,其上有黄色半月牙形斑块。前胸的腹面排列有 4 个不规则的橙黄色斑块,前胸及腹部第 1～7 节背面有许多点刻组成的骨化区,呈"口"形。

(2)发生规律及习性:一般 2～3 年发生 1 代,以幼虫在树干内越冬,次年春幼虫开始活动,危害皮层和木质部,并在蛀食的隧道内老熟化蛹。蛹羽化后从蛀孔飞出,6 月中下旬交配产卵。卵孵化后,幼虫先在皮层部危害,随着虫体增长,逐渐深入木质部危害。树干被蛀食后,流出黑水,并由蛀孔排出木屑和虫粪,严重时整株枯死或风折。成虫取食叶片及新梢嫩皮,昼夜飞翔,以晚间活动多,有趋光性。产卵前将树干表皮咬一个月牙形伤口,将卵产于皮层中间。卵多产在主干或粗的主枝上。每头雌虫产卵 20 粒左右。

(3)防治方法:捕杀成虫,利用成虫的趋光性,于 6～7 月的傍晚,持灯到树下捕杀成虫。人工杀卵和幼虫,在产卵期,寻找产卵伤口或流黑水的地方,用刀将被害处切开,杀死卵和幼虫;发现排粪孔后,用铁丝将虫粪除净,然后堵塞毒签或药棉球,并用泥土封好虫孔以毒杀幼虫。

2. 刺蛾类

又名洋拉子、八角等,幼虫食害叶片,将叶片吃成孔洞,甚至吃光,影响树势和产量。刺蛾类有多种,主要有黄刺蛾、褐边绿刺蛾、褐刺蛾和扁刺蛾。

(1)形态特征:主要刺蛾害虫形态特征见表14。

表14　　　　　　　　　主要刺蛾的形态特征

刺蛾	成　虫	卵	幼　虫	蛹
黄刺蛾	体长13～17毫米,体橙黄色,前翅黄褐色,有两条暗褐色斜纹在翅尖汇合,呈倒"V"字形,后翅浅褐色	椭圆形、扁平、淡黄色	长16～25毫米,体黄绿色,中间紫斑块,两端宽、中间细,呈哑铃形	椭圆形,长12毫米,质地坚硬,灰白色,具黑色纵条纹,似雀蛋
褐边绿刺蛾	体长12～17毫米,体黄绿色,头顶胸背皆绿色,前翅绿色,翅红棕色,近外缘有黄褐色宽带,腹部及外翅淡黄色	扁椭圆形,黄绿色	体长25毫米,体黄绿色,背具10对刺瘤各着生毒毛,后胸亚背线毒毛红色,背线红色,前胸1对突刺黑色,末有蓝黑色毒毛4丛	椭圆形,棕色

（续表）

刺蛾	成　虫	卵	幼　虫	茧
褐刺蛾	体长 17～19 毫米，灰褐色，前翅棕褐色，有两条深褐色弧形线，两线之间色淡，在外横线与臀角间有一紫铜色三角斑	扁平，椭圆形，黄色	体长 35 毫米，体绿色。背面及侧面天蓝色，各体节刺瘤着生棕色刺毛，以第 3 胸节及腹部背面第 1、5、8、9 节刺瘤最长	椭圆形，灰褐色
扁刺蛾	体长 15～18 毫米，体翅灰褐色。前翅赭灰色，有一条明显暗褐色斜线，线内色浅，后翅暗灰褐色	椭圆形，扁平	体长 25 毫米，翠绿色，扁椭圆形，背面稍隆起，背面白线，贯穿头尾。各体节两侧棱着生刺突 4 个，第 4 节背面有一红点	长椭圆形，黑褐色

（2）发生规律及习性：黄刺蛾 1 年发生 1～2 代，以老熟幼虫在枝条分叉处或小枝条上结茧越冬，5～6 月化蛹，6 月开始羽化。褐边绿刺蛾 1 年发生 1～3 代，以老熟幼虫在树干基部结茧越冬。扁刺蛾 1 年发生 1～2 代，以老熟幼虫在树下土中做茧越冬，第 1 代成虫 5 月出现，第 2 代下月出现。

（3）防治方法：

①摘除树上的刺蛾茧，深翻树盘挖刺蛾茧。

②用黑光灯诱杀成虫。

③当初孵幼虫群聚未散时，摘除虫叶集中消灭。

④在幼虫期喷 25％灭幼脲 3 号 2 500 倍液。

3. 核桃瘤蛾

又名核桃小毛虫。幼虫食害叶子,严重时可将核桃叶吃光,造成二次发芽,枝条枯死,树势衰弱,产量下降,这是核桃树的一种暴食性害虫,周期性大发生。

(1)形态特征:成虫体长 6～10 毫米,翅展 15～24 毫米,体灰色。复眼黑色。前翅前缘至后缘有 3 条波状纹,基部和中部有 3 块明显的黑褐色斑。雄蛾触角双栉齿状,雌蛾丝状。卵扁圆形,直径 0.2～0.3 毫米,初产白色,后变黄褐色。幼虫体长 15 毫米,头暗褐色,体背淡褐色,胸腹部第 1～9 节有色瘤,每节 8 个,后胸节背面有一淡色"十"字纹,腹部 4～6 节背面有白色条纹。蛹长 10 毫米,黄褐色。茧长椭圆形,丝质,黄白色,接土粒后褐色。

(2)发生规律及习性:1 年发生两代,以蛹茧在树冠下的石块或土块下、树洞中、树皮缝、杂草内越冬。翌年 5 月下旬开始羽化,6 月上旬为羽化盛期。6 月为产卵盛期,卵散产于叶背面主侧脉交叉处。幼虫 3 龄前在叶背面啃食叶肉,不活动,3 龄后将叶吃成网状或缺刻,仅留叶脉,白天到两果交接处或树皮缝内隐避不动,晚上再爬到树叶上取食。第 1 代老熟幼虫下树盛期为 7 月中下旬,第 2 代下树盛期为 9 月中旬,9 月下旬全部下树化蛹越冬。

（3）防治方法：

①刮树皮、土壤深翻，消灭越冬蛹茧。

②在树干上绑草诱杀幼虫。

③幼虫发生期（6月下旬至7月上旬）喷25％灭幼脲3号1000倍液。

④利用成虫趋光性，可用黑光灯诱杀。

4. 核桃举肢蛾

俗称核桃黑或黑核桃。主要危害果实，是造成核桃产量低、质量差的主要害虫。

（1）形态特征：成虫体长5～8毫米，翅长13～15毫米，体黑褐色，有金属光泽，前胸部色较深，复眼红色。触角丝状，下唇须发达，银白色，前翅甚至翅端2/3处近前缘部分有一半月牙形的白斑，后缘1/3处有一近圆形白斑，翅面其他部分被黑褐色鳞粉覆盖。前后翅均有较长的缘毛。后足长于体。胫节和跗节被黑色毛束。卵圆形，初产乳白色，孵化前红褐色。幼虫初孵时乳白色，头黄色，老熟时黄白色，体长7～9毫米。蛹纺锤形，黄褐色，长4～7毫米。茧长椭圆形，褐色，在较宽的一端有一黄白色缝合线，即羽化孔。

（2）发生规律及习性：1年发生1～2代，以老熟幼虫在土壤里结茧越冬。越冬幼虫在6月上旬至7月中旬化蛹，盛期在6月下旬。成虫发生期在6月上旬至8月上旬，羽化盛期在6月下旬至7月上旬。幼虫在6月中旬开始危害,老熟幼虫 7 月中旬开始脱果,盛期在 8 月中旬,9 月末尚有个别幼虫脱果越冬。越冬幼虫入土深度 1～2 厘米,以树冠周围土中较多。老熟幼虫在茧内化蛹。成虫羽化后多在树冠下部叶背活动。静止时,后足向侧上方伸举,故称"举肢蛾"。成虫交尾后,多在下午 6～8 时产卵。卵多产在两果相接的果面上,其次是萼洼,个别的也产在梗洼附近或叶柄上。每头雌蛾能产卵 35～40 粒,卵 4～5 天孵化。幼虫孵化后即在果面爬行,寻找适当部位蛀果。初蛀入果时,孔外出现白色透明胶液,后变为琥珀色。隧道内充满虫粪。被害果青皮皱缩,逐渐变黑,造成早期脱落。幼虫在果内危害 30～45 天,老熟后出果坠地,入土结茧越冬。早春干旱的年份发生较轻,羽化时多雨潮湿,发生严重。

(3)防治方法:冬前翻耕园地,清除树下落叶和杂草,消灭越冬幼虫。幼虫脱果前,及时收埋落果,提前采收被害果,减少下一年虫口密度。保护天敌,幼虫发生期喷灭幼脲 3 号 1 000 倍液。

5.核桃小吉丁虫

各产区均有危害。主要危害枝条,严重地区被害株率达 90％以上。以幼虫蛀入 2～3 年生枝干皮层,或螺旋形串圈危害,故又称串皮虫。枝条受害后常表现枯梢,树冠变小,产量下降。幼树受害严重时,易形成小老树或整株死亡。

(1)形态特征:成虫体长4～7毫米,黑色,有铜绿色金属光泽,触角锯齿状,头、前胸背板及鞘翅上密布小刻点,鞘翅中部内侧向内凹陷。卵椭圆形、扁平,长约1.1毫米,初产卵乳白色,逐渐变为黑色。幼虫体长7～20毫米,扁平,乳白色,头棕褐色,缩于第一胸节,胸部第一节扁平宽大,腹末有一对褐色尾刺。背中有一条褐色纵线。蛹为裸蛹,初乳白色,羽化时黑色,体长6毫米。

(2)生活习性:该虫1年发生1代,以幼虫在2～3年生被害植株越冬。6月上旬至7月下旬为成虫产卵期,7月下旬到8月下旬为幼虫危害盛期。成虫喜光,树冠外围枝条产卵较多。生长弱、枝叶少、透光好的树受害严重,枝叶繁茂的树受害较轻。成虫寿命为12～35天。卵期约10天,幼虫孵化后蛀入皮层危害,随着虫龄的增长,逐渐深入到皮层危害,直接破坏输导组织。被害枝条表现出不同程度的落叶和黄叶现象,这样的枝条不能安全越冬。在成年树上,幼虫多危害二年、三年生枝条,被害率约占72%,当年枝条被害率约4%,四年、五年、六年生枝条被害率分别为14%、8%、2%。受害枝条无害虫越冬,害虫越冬几乎全部在干枯枝条中。

(3)防治方法:秋季采收后,剪除全部受害枝,集中烧毁,以消灭翌年虫源。修剪时要多剪一段健康枝,以防遗漏幼虫。在成虫羽化产卵期,及时设立一些诱饵,诱集成虫产卵,并及时烧掉。核桃小吉丁虫有两种寄生蜂,自然寄生率为16%～56%,释放寄生蜂可有效降低越冬虫口数量。成虫羽化期,喷25%西维因600倍液或15%吡虫啉3 000倍液。

6.核桃扁叶甲

又称核桃叶甲、金花虫。以成虫和幼虫取食叶片,食成网状或缺刻,甚至将叶全部吃光,仅留主脉,形似火烧,严重影响树势及产量,有的甚至全株枯死。

(1)形态特征:成虫体长约7毫米,扁平,略呈长方形,青黑色至黑色。前胸背板的点刻不明显,两侧为黄褐色,且点刻较粗。鞘翅点刻粗大,纵列于翅面,有纵行横纹。卵黄绿色,体黑色,老熟时长约10毫米。胸部第一节为淡红色,以下各节为淡黑色。蛹墨黑色,胸部有灰白纹,腹部第2~3节两侧为黄白色,背面中央灰褐色。

(2)生活习性:1年发生1代。以成虫在地面覆盖物中或树干基部皮缝中越冬。在华北成虫于5月初开始活动,云南等地于4月上中旬上树取食叶片,并产卵于叶背,幼虫孵化后群集叶背取食,只残留叶脉。5~6月为成虫和幼虫同时危害期。

(3)防治方法:冬春季刮除树干基部老翘皮烧毁,消灭越冬成虫。4~5月成虫上树时,用黑光灯诱杀。4~6月,喷15%吡虫啉3 000倍液防治成虫和幼虫,防治效果好。

7.木僚尺蠖

又名小大头虫、吊死鬼,为分布较广的杂食性害虫。

幼虫对核桃树危害很重。大发生时,幼虫在3~5天内即可把全树叶片吃光,致使核桃减产,树势衰弱。受害叶出现斑点状半透明痕迹或小空洞。幼虫长大后沿叶缘吃成缺刻,或只留叶柄。

(1)形态特征:成虫体长18~22毫米,白色,头金黄色。胸部背面具有棕黄色鳞毛,中央有一条浅灰色斑纹。翅白色,前翅基部有一个近圆形黄棕色斑纹。前后翅上均有不规则浅灰色斑点。雌虫触角丝状,雄虫触角羽状,腹部细长。腹部末端有黄棕色毛丛。卵扁圆形,长约1毫米,翠绿色,孵化前为暗绿色。幼虫老熟时体长60~85毫米,体色因寄主不同而有所变化。头部密生小突起,体密布灰白色小斑点,虫体除首尾两节外,各节侧面均有一个黄白色圆形斑。蛹纺锤形,初期翠绿色,最后变为黑褐色,体表布满小刻点。颅顶两侧有齿状突起,肛门及臀棘两侧有三块峰状突起。

(2)生活习性:每年发生一代,以蛹在树干周围土中或阴湿的石缝或梯田壁内越冬。翌年5~8月冬蛹羽化,7月中旬为羽化盛期。成虫出土后2~3天开始产卵,卵多产于寄主植物皮缝或石块中,幼虫发生期在7月至9月上旬。8月上旬至10月下旬老熟幼虫化蛹越冬。幼虫活泼,稍受惊动即吐丝下垂。成虫不活泼,喜晚间活动,趋光性强。5月降雨有利于蛹的生存,南坡越冬死亡率高。

(3)防治方法:于5~8月成虫羽化期,用黑光灯诱杀或堆火诱杀。早秋或早春,结合整地、修台堰等,在树盘内人工挖蛹。幼虫孵化盛期,在树下喷下列任何一种药:25％西维因600倍液。

8.草履蚧

又名草鞋蚧。我国大部分地区都有分布。该虫吸食汁液,致使树势衰弱,甚至枝条枯死,影响产量。被害枝干上有一层黑霉,受害越重黑霉越多。

(1)形态特征:雌成虫无翅,体长10毫米,扁平椭圆,灰褐色,形似草鞋。雄成虫长约6毫米,翅展11毫米左右,紫红色。触角黑色,丝状。卵椭圆形,暗褐色。若虫与雌成虫相似。雄蛹圆锥形,淡红紫色,长约5毫米,外背白色蜡状物。

(2)生活习性:1年发生1代。以卵在树干基部土中越冬。卵的孵化早晚受温度影响。初龄若虫行动迟缓,天暖上树,天冷回到树洞或树皮缝隙中隐蔽群居,最后到一二年生枝条上吸食危害。雌虫经三次蜕皮变成成虫,雄虫第二次蜕皮后不再取食,下树在树皮缝、土缝、杂草中化蛹。蛹期10天左右,4月下旬至5月下旬羽化,与雌虫交配后死亡。雌成虫6月前后下树,在根颈部土中产卵后死亡。

(3)防治方法:在若虫未上树前于3月初树干基部刮除老皮,涂宽约15厘米的黏虫胶带,黏胶一般配法为废机油和石油沥青各一份,加热溶化后搅匀即成;如在胶带上再包一层塑料布,下端呈喇叭状,防治效果更好。若虫上树前,用6%的柴油乳剂喷洒根颈部周围土壤。采果至土壤结冻前或翌年早春进行树下耕翻,可将草履蚧消灭在出土前,耕翻深度约15厘米,范围稍大于树冠投影面积。95%机油乳剂200倍液。草履蚧的天敌主要是黑缘红瓢虫,喷药时避免喷菊酯类和有机磷类等广谱性农药,喷洒时间不要在瓢虫孵化盛期和幼虫时期。

9. 核桃缀叶螟

又名卷叶虫。以幼虫卷叶取食危害,严重时把叶吃光,影响树势和产量。

(1)形态特征:成虫体长约18毫米,翅展40毫米,全身灰褐色,前翅有明显黑褐色内横线及曲折的外横线。雄蛾前翅前缘内横线处有褐色斑点。卵扁圆形,呈鱼鳞状集中排列卵块,每卵块有卵200~300粒。老熟幼虫体长约25毫米,头及前胸背板黑色,有光泽,背板前缘有6个白点。全身基本颜色为橙褐色,腹面黄褐色,有疏生短毛。蛹长约18毫米,黄褐或暗褐色。茧扁椭圆形,长约18毫米,形似柿核,红褐色。

(2)生活习性:1年发生1代,以老熟幼虫在土中做茧越冬,距干1米范围内最多,入土深度10厘米左右。6月中旬至8月上旬为化蛹期,7月上中旬开始出现幼虫,7~8月为幼虫危害盛期。成虫白天静伏,夜间活动,将卵产在叶片上。初孵幼虫群集危害,用丝粘结很多叶片成团,幼虫居内取食叶正面果肉,留下叶脉和下表皮呈网状;老幼虫白天静伏,夜间取食。一般树冠外围枝、上部枝受害较重。

（3）防治方法:于土壤封冻前或解冻后,在受害根颈处挖虫茧,消灭越冬幼虫。7～8月幼虫危害盛期,及时剪除受害枝叶,消灭幼虫。7月中下旬,选用灭幼脲3号2 000倍液或杀螟杆菌(50亿/克)80倍液喷树冠,防治幼虫效果很好。

10. 铜绿金龟子

又名青铜金龟、硬壳虫等,在全国各地均有分布,可危害多种核桃。幼虫主要危害根系,成虫则取食叶片、嫩枝、嫩芽和花柄等,将叶片吃成缺刻或吃光,影响树势及产量。

（1）形态特征:成虫长约18毫米,椭圆形,铜绿色,具有金属光泽。额头前胸背板两侧缘黄白色。鞘翅有4～5条纵隆起线,胸部腹面黄褐色,密生细毛。足的胫节和趾节红褐色。腹部末端两节外漏。卵初产时乳白色,近孵化时变成淡黄色,圆球形,直径约1.5毫米。幼虫体长约30毫米,头部黄褐色,胸部乳白色,腹部末节腹面除钩状毛外,有两列针状刚毛,每列16根左右。蛹长椭圆形,长约18毫米,初为黄白色后变为淡黄色。

（2）生活习性:1年发生1代。以幼虫在土壤深处越冬,翌年春季幼虫开始危害根部,5月化蛹,成虫出现期为5～8月,6月是危害盛期。成虫常在夜间活动,有趋光性。

(3)防治方法：

①成虫大量发生期，因其具有强烈的趋光性，可用黑光灯诱杀；也可用马灯、电灯、可充电电瓶灯诱杀。方法是：取一个大水盆(口径 52 厘米最好)，盆中央放 4 块砖，砖上铺一层塑料布，把马灯或电瓶灯放到砖上，并用绳与盆的外缘固定好，以防风吹灯倒。用电灯时直接把灯泡固定在盆上端 10 厘米处。为防止金龟子从水中爬出，在水中加少许农药；或将糖、醋、白酒、水按 1∶3∶2∶20 的比例配成液体，加入少许农药制成糖醋液，装入罐头瓶中(液面达瓶的 2/3 为宜)，挂在核桃园进行诱杀。

②利用成虫的假死性，人工震落捕杀。

③自然界中许多动物都有忌食同类尸体并厌避其腐尸气味的现象，利用这一特点驱避金龟子。方法是：将人工捕捉的或灯光诱杀的金龟子捣碎后装入塑料袋中密封，置于日光灯下或高温处使其腐败，一般经过 2～3 天塑料袋鼓起且有臭鸡蛋气味散出时，把腐败的碎尸倒入水中，水量以浸透为度。用双层布过滤 2 次，用浸出液按 1∶150～1∶200 的比例喷雾。此法对于幼树、苗圃效果特别好，喷后被害率低于 10%。

④药剂防治。发生严重时，可用下列任何一种农药喷施：2.5%敌百虫粉剂，喷杀成虫，防治效果均在 90%以上。

⑤保护利用天敌，铜绿金龟子的天敌有益鸟、刺猬、青蛙、寄生蝇、病原微生物等。

图书在版编目(CIP)数据

核桃绿色高效生产关键技术/张美勇主编.—济南：
山东科学技术出版社,2014(2016.重印)
（绿色果品高效生产关键技术丛书）
ISBN 978-7-5331-5869-9

Ⅰ.①核… Ⅱ.①张… Ⅲ.①核桃—果树园艺—
无污染技术 Ⅳ.①S664.1

中国版本图书馆 CIP 数据核字(2014)第 025601 号

绿色果品高效生产关键技术丛书

核桃绿色高效生产关键技术

张美勇　主编

主管单位:山东出版传媒股份有限公司
出 版 者:山东科学技术出版社
　　　　　地址:济南市玉函路 16 号
　　　　　邮编:250002　电话:(0531)82098088
　　　　　网址:www.lkj.com.cn
　　　　　电子邮件:sdkj@sdpress.com.cn
发 行 者:山东科学技术出版社
　　　　　地址:济南市玉函路 16 号
　　　　　邮编:250002　电话:(0531)82098071
印 刷 者:山东金坐标印务有限公司
　　　　　地址:莱芜市赢牟西大街 28 号
　　　　　邮编:271100　电话:(0634)6276022

开本:850mm×1168mm　1/32
印张:5.75
版次:2014 年 3 月第 1 版　2016 年 1 月第 3 次印刷

ISBN 978-7-5331-5869-9
定价:14.00 元